U0918672

总体国家安全观系列丛书

数据与国家安全

Data and National Security

总体国家安全观研究中心
中国现代国际关系研究院 著

时事出版社
北京

编委会主任

杨明杰

编委会成员

杨明杰　傅小强　王鸿刚

张　健　李　锴　楼春豪

主　编

李　艳

副主编

董春岭

撰稿人

翟一鸣　徐　琴　张岚舒

汪子洋　孙榕泽　王世达

黄　莺　谭笑间　周宁南

隋　晨

总体国家安全观
系列丛书

《数据与国家安全》
分册

总　序

总序

2024 年是习近平总书记创造性地提出总体国家安全观十周年，2025 年是全民国家安全教育日设立的第十个年头，也是《中华人民共和国国家安全法》颁布施行十周年。总体国家安全观研究中心用两年时间在前两辑基础上推出了“总体国家安全观系列丛书”的第三辑。

“春华秋实，十年有成。”总体国家安全观的创立，使我们党和国家首次有了自己的国家安全指导思想，为新时代国家安全工作提供了强大思想武器。在总体国家安全观指导下，我国十年来不断健全国家安全体系，增强维护国家安全能力，提高公共安全治理水平，完善社会治理体系，战胜了一系列国家安全风险和挑战，巩固夯实了国家安全基础，实现了高质量发展和高水平安全的良性互动，有力护航了中国式现代化建设进程。国家安全事业开创了新局面，取得了历史性伟大成就，走出了一条有中国特色的国家安全道路。

但是，也要清醒地看到，今天的世界越来越不太平了。俄乌冲突硝烟难去，巴以冲突制造了人类新悲剧，大国关系失衡失稳的风险明显加剧，世界局势因此更乱而非更稳了。世界之变、时代之变、历史之变以前所未有的方式加速展开，人类又一次站在何去何从的十字路口。对我国而言，这意味着外部环境的复杂性、严峻性、不确定性明显上升，维护国家安全的任务更重了。维护国家安全，除党政部门要承担主责主业外，更需要全民全社会的理解、支持和参与，所以普及国家安全知识就成为一项常做常新的重要工作。

“二年长枝叶，三年桃有花，四年果盈枝。”总体国家安全观研究中心成立迄今已四年。这四年来，在领导的关怀和相关部门支持下，中心始终坚持总体国家安全观的“理论高地”“宣传阵地”“人才基地”定位，统筹推进国家安全理论研究、战略研究和思想宣传。尤其依托中心秘书处所在的中国现代国际关系研究院，发挥“国家安全学”一级学科和《国家安全研究》双月刊作用，持续推进国家安全研究工作，努力引领中国国家安全理论和战略研究，不断加大国家安全理论和知识的普及工作力度。

为能让“国家安全”这一在过去主要由政治家和战略家操心的“堂前燕”尽快飞入“寻常百姓家”，我们在 2021 年推出了丛书的第一辑:《地理与国家安全》《历史与国家安全》《文化与国家安全》《生物与国家安全》《大国兴衰与国家安全》《百年变局与国家安全》，通过宏大的视野、厚重的内容、鲜活的语言，成功地把“国家安全”送到了普通读者的面前，并收获了满满的好评。

2022 年，在对国家安全领域拓展研究的基础上，我们再接再厉推出了同样热销的第二辑丛书:《人口与国家安全》《气候变化与国家安全》《网络与国家安全》《金融与国家安全》《资源能源与国家安全》《新疆域与国家安全》。这辑丛书主打“尽精微”，从上述六大问题入手，既深入浅出介绍了与日常生活密切相关的国家安全问题，同时还涉及新兴领域问题，使读者对国家安全的认识进一步扩大和深化。

2023 年，作为总体国家安全观最新最全的研究成果，我们推出了重磅著作《总体国家安全观透视》，从历史的维度、全球的高度、哲学的深度、实践的力度四大视角，对总体国家安全观进行了全方位深入阐述，同时辅以非常鲜活的历史和现实案例。该书甫一出版就成为很多领导干部的案头书，也是很多普通读者的喜读之书，收获了各界非常良好的反响。

“风雨将春去，清和四月天”，转眼就经历 2024 年和 2025 年这样有重大意义的特殊年份。为纪念总体国家安全观创立十周年和第十个全民国家安全教育日，接续推出这套同样是基于最新研究成果、同样是六册、同样是涵盖国内外实践，但聚焦不同领域问题的第三辑“总体国家安全观系列丛书”。

其中，《法治与国家安全》一书，秉持“法者，国仰以安”理念，以“法律是治国之重器”为主线，较全面介绍了法治在古今中外对国家治理、国际博弈和维护国家安全的实践和重大意义。这对我们深刻理解“坚持全面依法治国”和法治与国家安全的关系有重要帮助。

《教育与国家安全》一书，以“教育强则国家强”为主线，既分析了教育与国家富强和国家安全之间的联系，又介绍了当今几个主要国家基于各自实际情况，用教育服务国家建设和国家安全的案例，为我们取长补短提供借鉴。

《军事与国家安全》一书，从包括孙子的“兵者，国之大事”在内的军事战略文化开始，到影响军事手段效能的技术手段和战术思想变革、军事安全的社会属性和时代特征，最后落脚到我国如何通过强军去强国，深入浅出地介绍了军事安全这一国家安全的重要组成部分。

《海外利益与国家安全》一书，针对的是我国已深度融入世界，海外利益遍布全球，“海外中国”快速崛起并成为我国家安全重要组成部分的实际情况，梳理介绍了在不同时代的不同国家，如何看待、拓展和保护海外利益的情况。这对我们认识和维护海外利益具有一定参考价值。

《数据与国家安全》一书，围绕在信息化时代已全方位涉及日常生活、工作和学习，以及几乎所有国家的政治、经济、军事等各领域的“数据”这一关键要素，全景式介绍了与数据相关的国家安全和国际博弈问题，以及当下主要国家和地区就构建数据安全、主导权甚至霸权展开的战略布局和具体做法。

《舆论与国家安全》一书，针对的是在当今国际政治中“假消息”横行、“认知战”泛滥的现实，从解构“何为舆论”入手，从国家安全的视角，基于历史和现实解剖了舆论对国家兴衰、社会治理、国际斗争、大国争霸等的重要作用和影响，强调了维护舆论安全对国家安全的重要性。

时光荏苒，岁月如梭。我们对中国国家安全理论的研究永远在路上，对国家安全理念的推广永远在路上。我们期待这辑丛书能像以往那样，继续获得大家的青睐，同时帮助读者加深对国家安全的认识和理解，继而转化为维护国家安全的自觉行动。最后，让我们携手，共同致力于维护国家安全，共同致力于实现中国式现代化这一奋斗蓝图。国安，天下安！

是为序。

总体国家安全观研究中心
中国现代国际关系研究院

目　录

数据带来的多维安全问题

6

金融数据的安全难题

7

科技数据的危与机

绪论

数据是一个十分宽泛的概念，要谈数据进而探讨其与国家安全的关系，必须从其本源谈起，层层递进地去厘清数据的本质是什么。为什么数据的重要性越来越凸显？它在推动社会生产，赋能社会发展的同时，又给人类社会带来了怎样的挑战？从哪些维度去解构，才能一窥其与国家安全的关系？本书正是带着对上述问题的思考，试着在纷繁复杂且快速演进的数字世界去探寻可能的答案。

数据何以为“大”

对于何为数据（data），可谓仁者见仁，智者见智。《剑桥词典》对其的解释是：“数据是指收集的信息，特别是事实或数字，以供检查和考量，以用于为决策提供帮助。”该定义增加了内在功能性视角，认为并非数字性存在即数据，更重要的是它是否能为决策提供帮助，即因被使用才具有存在的价值和意义。

对于一个概念的理解，还可以从相近概念的辨析中去把握，比如数据、信息、知识与智慧。有专家认为，简单地说当数据被置于情境之下审视或经过分析之后，它就会变为信息（information）；而从这些信息中分析出来的资讯则可称为知识（knowledge）；再通过不断地行动与验证，就能够形成所谓的智慧（wisdom）。从以上概念辨析，我们不难得出万物皆为数，皆可数的结论，只不过在不同技术条件与社会环境中，所谓数据呈现的方式与发挥的作用有所不同而已。

其实在古代，人们对于数据或信息的重要性就有了相当深入的认知。早在大禹时期就有了人口统计数据。而就“计数”对于国家和社会的重要性，春秋时期齐国的宰相管仲曾有言：“不明于计数而欲举大事，犹无舟楫而欲经于水，险也。”事实上，历朝历代都高度重视人口普查数据的收集，其原因可想而知，一是为了便于民生管理，二是为了征兵，三是为了收税。其重点是对男性人数与年龄构成的记录，当然有些朝代还格外关注适龄女性的信息收集，以备选秀。

再比如历史上各种舆图，也充分表明信息与数据获取的重要性。事实上，在信息获取和传播都非常落后的古代，舆图是兵家必争之宝，也是帝王将相“心头好”。谁能获得一张高质量的舆图，谁就掌握了决策的主动权。这也是为什么传说中荆轲以一张燕国督亢地区的舆图就能被多疑的秦始皇召见，引出图穷匕见的典故；三国时代的张松献上西川舆图，使有天堑之险的川蜀之地从此门户大开。所以，从某种意义上来讲，舆图就是古时“大数据”。

所以数据的价值，还真不是从数字化，即数据能够海量生产与传播之后才得以重视的。事实上，在数据稀缺的年代，“物以稀为贵”，其价值与重要性也是十分突出的。只不过掌握在特定阶层或人群手里，它不是泛在性的存在，其价值也不为多数人所享有罢了。当然，随着数据统计与分析技术手段、方式的不断演进，数据挖掘创造的价值又是另一个层次的问题了。

那么，为什么当今世界被越来越多的人定义为数据时代，甚至是被数据“淹没”的时代呢？早在 2017 年，知名国际数据公司 IDC（互联网数据中心）就发布题为《数据时代 2025》的白皮书，声称：“我们的世界将在 2025 年被数据淹没。”其主要有以下三方面原因：

一是数据的海量。随着 5G（第五代移动通信技术）、云计算、物联网等新技术与应用的不断拓展，海量数据的实时产生与动态流转已成为社会常态，且它是泛在的，其产生、传播、存储与释放覆盖全社会领域，据最新全球数据研究报告显示，2025 年全球数据量将达到 163 ZB，比 2016 年创造出的数据量增加了十倍。

二是数据的质变。在大数据挖掘与分析技术的助推下，数据的价值得以释放，不断实现从量变到质变的突破。数据的价值不单局限于单一数据或数据集本身，还包括不同数据集之间的关联所带来的无穷尽的衍生价值。通过交叉比对、重组、扩展与运算，任何看似无用、不相关甚至是陈旧的数据，都可能用于揭示特定事物发展的相关性与趋势，极大提高预测分析的准确性与决策的有效性。因而，社会各领域对数据价值的倚重日深，产生、使用和管理对生活有重要影响的数据信息，对于消费者、政府和企业的正常生活和运转都变得必不可少。到 2025 年，全球数据总量的近 20% 将成为影响日常生活的关键数据，近 10% 将变为“超关键”数据，数据的重要性将演化为“性命攸关的”（life-critical）。

三是数据的赋能。数据对国家而言，已然成为一种新的战略资源；对企业而言，已然成为一种新的生产要素；对个人而言，更是业已成为一种新的生活必需品。数据正在不断催生新的社会

形态，“数据+”正体现在社会各领域与各行业。为此，有专家称：“未来社会发展在很大程度上将会用‘数据说话’。”英国著名大数据专家维克托·迈尔–舍恩伯格与肯尼思·库克耶更加深刻地指出，相较于数据对于工作与生活的改变，对于思维的变革性影响才是更加值得重视的。他们在《大数据时代》一书中写道：“这仅仅只是一个开始，大数据时代对我们的生活，以及与世界交流的方式都提出了挑战。最惊人的是，社会需要放弃它对因果关系的渴求，而仅需关注相关关系。也就是说只需要知道是什么，而不需要知道为什么。这就推翻了自古以来的惯例，而我们做决定和理解现实的最基本方式也将受到挑战。”

大数据时代的挑战

数据时代，数据作为一种泛在性的“战略资源”，显然能够极大赋能信息社会发展。联合国经济和社会事务部在相关电子政务调查报告中指出：开放数据为政府数据的发布提供了一种新途径，有利于架起政府和公众之间的桥梁。数据不仅能够服务大众，还能刺激经济，同时营造稳定的社会环境。如大型互联网企业运用大数据技术能够获得源源不断的新商机，电信与金融等重点行业能够利用大数据提高竞争力，政府相关部门能够提升社会治理水平等。此外，大数据技术与应用的发展还能够提高国家和社会安全风险防范能力。尤其是在重点行业与重点领域，大数据能够使安全监测更精准、更实时和更高效。

但与此同时，也必须看到其所带来的诸多治理与安全挑战。比如数据权属问题，即所谓的数据确权问题，这是数据有序流转与安全应用的基础。数据时代产生了一项新的权利，即数据权，主要涵盖三个基本问题：一是数据权利属性，即给予数据何种权利保护；二是数据权利主体，即谁应该享有数据上附着的利益；三是数据权利内容，能明确数据主体享有哪些具体的权能。它正向作用于数据利益诉求分化、均衡保护与利用等困境，对国家科技创新、开放社会与数字化转型发展等具有重要意义。然而，由于数据问题本身的特殊性，这些问题的解决均面临不同程度的困难。

从国家层面来看，对于数据确权虽然表述不一，有的国家更加直接地表述为“数据主权”，但总体而言旨在拓展国家主权的的适用，尤其是提升数据安全管控能力和强化国家关键数据资源保护能力。目前，对于该问题的探索还处在初级阶段，各国虽然对国家拥有数据主权没有异议，但在实践中，对如何有效维护，特别是如何平衡与数据开放、共享与跨境流动之间的关系，各国仍然面临诸多分歧与差异。在社会与个体层面，学术与政策界对于数据特征、数据权利性质内容、数据权利配置结果等问题仍存不同看法，数据确权问题很难有权威或普适的解决方案，各国不断寻找适合自身安全与发展需要的解决路径。

再如数据垄断带来的“数字鸿沟”新困境。信息时代的技术应用特点决定了容易形成“赢者通吃”的垄断局面，数据更是如此。数据垄断会带来系列问题：一是隐私保护问题，以脸书（Facebook）、谷歌（Google）这类挖掘海量用户数据资源的社交、搜索企业为代表，这些数据被用于定向推送、协调行业生产资源。但用户交付个人信息以换取互联网企业免费服务的同时，所产生的大量行为数据也被互联网企业所搜集。如何在隐私保护与开发数据资源达成平衡是各国都在进行立法规范的重要问题。二是加大数据泄露风险，海量数据集中在少部分平台和公司之中，也增大了大规模数据泄露的风险，近年来数据泄露事件屡见不鲜，涉及工业制造、政府数据、医疗信息、个人账号、军工情报等诸多领域。依据泄露数据的重要性、数据数量规模可造成不同程度的危害。三是市场垄断问题。企业对于数据的排他性支配是否在事实上导致准入壁垒，进而使得互联网市场趋向垄断，长远看会影响行业整体的良性发展态势。

此外，还有数据造假带来的深层隐患。近年来，数据篡改或作假问题日益引起广泛关注：一是影响行业发展，数据造假已成为社会多领域内的问题，包括环境监测、金融数据造假，在电商平台、视频网站以及社交平台上的公开数据也有相关造假手段。这些对于依赖数据真实性的行业发展而言都有着不良影响，更为重要的是会影响国家相关领域的宏观判断与政策制定。二是影响新技术与应用发展。主要体现在人工智能和机器学习的应用中。众所周知，无论是算法还是机器学习都需要海量数据，数据的真实性与有效性也至关重要，如果基于被篡改的数据与作假的数据，算法的有效性与学习的效果不难想象。三是滋生新的犯罪手段。突出表现在个人生物识别信息的应用过程中，个人生物识别信息具有独特性、唯一性，并且与个人身份信息具有高度相关性，以其可数据化和便携性广泛推广，涉及生活的方方面面。指纹锁、小区人脸识别门禁、疫苗注射登记，乃至于天网系统都与个人生物识别信息密切相关。利用人工智能的“深度伪造”技术对这些信息进行替换、合成和调整，从而破坏个人生物识别数据的排他性和唯一性，不仅会导致个人身份及信息的盗用，甚至会成为进行恶意或非法活动的手段。

更为重要的是，大数据的发展还带来了国际竞争与博弈的新维度。近年来，美国、日本、英国、欧盟等发达国家和地区组织纷纷出台相关战略，将大数据确立为支撑国家安全与可持续发展的重要核心能力。如美国将对数据的占有和支配作为陆权、海权、空权之外的另一种国家核心能力；英国将大数据作为保持其全球竞争性优势的“八大技术”之一；法国“数据化路线图”将大数据列为大力支持的战略高新技术之一；欧盟认为大数据是创新工具，必须从全局的高度要求成员国共同推进大数据发展战略。种种迹象表明，各国均认识到大数据技术与应用技术新趋势，谁能跟上甚至引领技术与社会发展节奏，谁就能在未来国际战略格局中占据优势。当前大数据技术的主要成果与应用把持在少数发达国家与科技巨头手中，尤其是美国凭借其媒介与产业优势，已成为全球数据中心。正如英国大数据专家所担忧的：“大数据很可能成为发达国家在下一轮全球化竞争中的利器，发展中国家依然处于被动依赖的状态之中。整个世界可能被割裂为‘大数据时代’‘小数据时代’和‘无数据时代’。”

综上所述，在数据如此重要的前提下，任何一个风险隐患都可能引发系统性风险，带来灾难性的“淹没”。近年来，针对数据的攻击、窃取、滥用、劫持等手段不断推陈出新，甚至形成地下数据产业链，给经济、政治、社会等各领域都带来了巨大风险。

在世界经济论坛《全球风险报告》中，在对未来最有可能发生的全球性风险预判中，除了极端天气与自然风险之外，数据安全风险“异军突起”，甚至超越了“网络攻击”。正是鉴于当前严峻形势，中国提出的《全球数据安全倡议》开宗名义:“作为数字技术的关键要素，全球数据爆发增长，海量集聚，成为实现创新发展、重塑人们生活的重要力量，事关各国安全与经济社会发展。”

数据安全风险意识有了，但切实有效维护数据安全却面临现实困境。众所周知，数据只有流动起来才能发展，才能产生价值。根据美国著名智库布鲁金斯学会的相关研究，全球数据跨境流动对全球经济增长贡献度日益增加，但也正是这种流动给数据安全带来了治理困境，具体表现在国内、国际两个政策维度上。

从国内政策维度看，出于对数据战略价值的重视，各国从自身国家安全、社会公益以及个人权利保护等角度出发，倾向采取数据保护政策，这也是为什么近年来“数据本地化”成为一个趋势。但如何平衡数据安全与发展的关系，找到政策的合理区间，即能促进数字经济发展又能满足各方安全诉求成为各国数据政策制定者们的最大挑战。从国际政策维度看，数据只要跨境或全球流动，就意味着更多的安全风险。数据风险点可能出现在产生、收集、存储与传输的各个环节，而这些环节共同构成一种数据全球性链条，有效控制风险必须基于“全链条”思维，国际合作与协同治理是不二之选。但现实情况是各主体尤其是国家间出于各自的利益诉求和安全关切，对于数据安全的认知与要求肯定不一致，甚至会因此出现利益冲突。如企业与用户之间、国家与企业之间、国家与国家之间，特别是国家间的冲突本身反过来不断损害合作的基础，使得全球数据治理难以得到有效推进。

正是这种合作是必然，但合作又难达的治理困境导致数据规则整体呈现“碎片化”的特点：相关国家只能寻求在具有相近认知、政策与机制的国家间或区域内形成所谓规则，但这显然不能完全满足数据全球性流动的大势所趋。正是鉴于这样的治理困境，中国提出的《全球数据安全倡议》呼吁：“各国秉持发展和安全并重的原则，平衡处理技术进步、经济发展与保护国家安全和社会公共利益的关系。”并进一步提出“各方应在相互尊重的基础上，加强沟通交流，深化对话与合作，共同构建和平、安全、开放、合作、有序的网络空间命运共同体”。

如何看待数据与国家安全

数据与国家安全，是为数据安全。世界主要国家均高度重视数据及其安全，但对于何为数据安全，并不存在统一认知与界定。各国国情不同，对于数据问题的核心关切亦有所不同。因此，对于数据安全的理解总体上与各国发展阶段和程度密切相关。

但无论有多不同，首要的都是顺应时代发展大势，深刻认识维护数据安全的重要性与迫切性。维护数据安全是“应时”与“应势”之举。首先，应数据时代发展之时。当今世界已进入数据时代，海量数据的产生与流转成为“新常态”，在大数据技术与应用的助推下，数据的价值亦得到前所未有的释放与提升。数据不仅是新石油更是新土壤，社会各领域对数据的倚重日深，其重要性不言而喻。数据于国家是新战略资源，于产业是新生产要素，于个人是新生活必需品。从这个意义上讲，数据正在不断催生新的社会形态。其次，应数据安全挑战之势。依赖性越强则脆弱性越大，在数据如此重要的背景下，数据安全成为涉及国家安全与社会稳定的头等大事。近年来，鉴于数据的重要价值，它一方面成为网络犯罪的重要目标，针对重要行业与基础设施的数据攻击、窃取与篡改等手段不断推陈出新，甚至形成地下数据产业链；另一方面亦成为大国战略竞争的重要领域，围绕重要数据资源与数据规则权的争夺日趋激烈，给经济、政治、社会等各领域带来巨大风险。如不能及时有效采取措施，数据安全就会沦为安全重灾区，维护数据安全势在必行。

那么应该如何把握数据安全呢？首先，应该要树立维护数据安全的正确理念。要维护数据安全，就必须对其有正确的认知，正确的理念决定正确的行动。安全问题其实有相当共性，习近平总书记曾对何为正确的“网络安全观”有过论述，他指出，网络安全是整体的而不是割裂的，是动态的而不是静态的，是开放的而不是封闭的，是相对的而不是绝对的，是共同的而不是孤立的。数据安全亦属非传统安全，上述理念具有同样重要的指导意义。

数据安全是一种整体的、相对的安全：在当前发展背景下，数据是一种常态化、泛在化存在，数据的产生与流转涉及社会各领域，涵盖工业、电信、交通、金融、自然资源、卫生健康、教育、科技等各行业，覆盖收集、存储、使用、加工、传输、提供与公开的“全链条”，权利与责任主体更包括国家、企业乃至个人。因此，数据安全维护必然是一个非常复杂的系统，一方面没有任何主体、组织或行业能够单靠“一己之力”解决数据安全问题，必然需要整体统筹与协作；另一方面，绝对安全是一种理想状态，现实情况只能是尽力保持一种相对安全的状态。数据安全同其他安全一样，没有绝对的安全。数据安全的复杂性不言而喻，绝对安全只能是一种理想状态，而非现实目标，这也是为什么中国在最新颁布的《中华人民共和国数据安全法》中，将数据安全务实地界定为：“通过必要措施，确保数据处于有效保护和合法利用的状态，以及具备保障持续安全状态的能力。”

数据安全是一种动态的、平衡的安全：数据问题兼具技术性与社会性，数据的形式和价值与技术应用高度相关，随着新技术应用的不断的更新升级，数据以及数据安全的内涵与外延必然处于不断拓展状态。从社会角度来看，数据事涉社会各层面，与日常生活息息相关，必然受到社会环境与文化传统的影响。因此，各国对于数据安全的理解与把握存在差异，且处于动态变化之中。一般而言，国家发展程度越高，对于数据安全维护的意识与认知会更加成熟。

数据安全的动态性还体现在发展与安全平衡点的动态变化上。任何一个国家对于数据安全的维护都是有“偏好”的，这种偏好不是指心理上的，而是基于现实，在安全诉求与发展需要之间不断寻求最符合自身利益的平衡点。长远来看，安全是为了更好地发展。但在实践进程中，出于不同发展阶段的需要，发展会付出一定的安全代价，安全亦会事实上影响发展进程。一般而言，国家发展程度越高，对于数据安全维护会更加偏好，力图在实现发展利益的前提下最大程度地确保安全。

实践中，数据安全维护必然依赖一些限制或规范流动的措施，比如数据本地化要求、数据跨境流动规范以及数据调取的“长臂管辖”等，但数据只有流动起来，才能产生促进经济繁荣与社会发展的价值。因此，维护数据安全对于任何国家而言，本质上都是要立足自身现实发展需求的变化，在安全与发展之间不断调整最符合自身利益的平衡点。这也是为什么《中华人民共和国数据安全法》第二章明列“数据安全与发展”，充分体现了把握动态平衡，以及统筹安全与发展的政策出发点。

其次，维护数据安全要依靠正确的行动，即必须从兼顾自身安全与共同安全的角度出发，探索有效维护数据安全的最佳路径。习近平总书记在中央国家安全委员会第一次会议上指出：“要既重视自身安全，又重视共同安全，打造命运共同体，推动各方朝着互利互惠、共同安全的目标相向而行。”该重要论述指明在当前国际形势下，安全实践必须坚持的方向，即国内与国际安全双促进，才能真正确保长治久安。全球化、信息化背景下，数据全球流动是大势所趋，数据安全必然需要兼顾国内与国际两个大局。这已经在当前数据安全及其治理实践中得到印证。

从国内层面看，主要国家数据安全框架基本成型并日趋完善。具体表现在以下几方面：一是从战略高度重视数据安全问题，围绕数据安全的统一立法成为越来越多国家和地区的共同模式。二是数据的分级分类管理机制逐渐清晰，虽然各国对于数据的细分或有所不同，但在实践上，大体均会根据数据性质以及具体应用场景，制定不同保护标准与实施措施。三是围绕数据安全的主体责任落实更加明确。越来越多的国家通过在既有机制中增加相应数据安全职能，或者新建相应主管机制，将数据安全责任进一步压实，以确保相应数据安全战略与政策能够有效落地。四是国家加大强化数据控制的力度。数据本地化、有条件的数据跨境流动成为大势所趋，尤其是政府数据、健康数据、个人隐私数据等关乎国家安全与公民权利的数据；相关国家还通过评估数据安全保护水平与能力，以及所谓共同或相近的“价值观”，积极推动国家间或区域数据跨境流动审查及认定机制。此外，相关国家还试图不断增强自身“长臂管辖”能力，旨在数据竞争中更好维护本国利益。

从国际层面看，国际社会各方不断推进数据安全的合作。数据安全已被纳入众多国际机制与进程的议程，为形成兼顾发展与安全的数据治理框架，各相关方均通过各种渠道与方式建言献策。如 2019 年 6 月，二十国集团贸易和数字经济部长会议重申可信数据自由流动的概念，强调跨境数据流动对促进生产率、创新和可持续发展的重要性。可信数据自由流动旨在实现数据的自由流动，同时确保公众对隐私保护和安全的信任。2020 年 9 月 8 日，在北京举办的“抓住数字机遇，共谋合作发展”的国际研讨会上，中国提出了《全球数据安全倡议》，此倡议一方面积极呼吁国际社会各方加强合作，维护共同安全；另一方面还作为行动指南，以问题为导向，针对当前全球数据安全面临的重大问题提出八条具有可操作性的具体政策性倡议。

虽然各国数据安全战略与政策日趋明晰，治理框架也基本浮出水面，但并不意味着它是完美的，更不是一劳永逸的。由于各国处于不同发展阶段，有效应用数据的能力并不相同，对于数据安全的内在利益诉求与面临的外在现实约束均有不同。数据安全维护很难齐头并进，而是具有一定“优先排序”。因此，相应的数据安全维护政策法规与治理机制没有绝对的模板，政策实践更会呈现鲜明的国情特色。

数据安全本身是一个动态发展的问题，随着相应新技术与应用的拓展，会不断产生新的安全议题，与此同时，实践证明，数据安全政策总会有不同程度的“落地”问题，需要不断根据实践反馈校准与修正。事实上从发展的角度看，对于数据安全的有效维护，除战略与政策层面之外，实践层面的解决方案即最佳实践亦至关重要。比如面对数据流动中的隐私保护问题，企业和技术社群积极探索方案，从技术上解决合规问题，使数据既能有效流动起来，又能解决隐私或安全关切。正是从这个意义上讲，所谓数据安全，既是一个战略问题，更是一个实践进程。

正是基于以上的思考脉络，本书设置了四大模块，细分为九个章节：

第一大模块（第一、二章）“开门见山”，从数据安全的多重维度入手，沿着数据技术、数据应用和数据权力等层层递进的逻辑去揭示数据安全的内涵与外延，尤其是其不断动态演进的发展特点。

第二大模块（第三、四、五章）“他山之石”，选取美国、欧盟与印度作为典型呈现。众所周知，美国依靠其技术与渠道优势，具有超强的数据能力；欧盟则是另辟蹊径，引领数据权利保护与治理规则之先；印度作为新兴数据大国，早早瞄准未来数字发展，将在数据领域的建树作为其未来谋求更有利国际地位的重要筹码。这三个国家和地区组织的战略政策与发展实践，能够帮助我们一窥世界主要大国在数据安全方面的布局。

第三大模块（第六、七、八章）“一探究竟”，目前相关研究中，对于数据带来的变革性影响，多从经济与发展角度出发，本书特意选取三个非常前沿且特别的领域，揭示数据安全在特定行业的呈现，分别是金融数据安全、科技数据安全以及情报攻防，帮助读者更好理解数据安全的重要性。

第四大模块（第九章）的“中国探索”，集中论述了中国在维护数据安全方面的理念、政策与实践探索，以及中国的全球数据安全与治理观。

诚然，数据与国家安全是一个非常广博的命题，远不是一本书所能承载，本书课题组只是“一家之言”，旨在从我们的观察视角去解构与阐释，书中必然有诸多值得商榷或进一步探讨的地方，如果本书能够为提升全民数据安全意识有所助力，那么也算尽了一份绵薄之力，足矣。

1 第一章 数据带来的多维安全问题

当前，数字化转型加速推进，数字经济为全球经济发展不断注入新的动能。数据作为数字经济发展的核心引擎，其安全逐渐受到各方重视，成为事关经济社会发展和国家安全的重大议题。与传统安全问题不同，数据安全涉及全球各国、各行业、各层面，是与技术、产业、经济、政治等多领域相互交织的综合性问题，极为错综复杂。本章以数据安全发展背景为引，探析数据领域本身的安全难题及其衍生风险，解读数据安全动态演进的特性，从多个维度阐释数据安全的内涵与外延。

绕不开的“科林格里奇困境”

技术发展与控制陷于“两难”

英国技术哲学家大卫·科林格里奇在他于 1980 年编著的《技术的社会控制》一书中提出了一类影响技术长远发展的困境：技术生命早期，人们难以对某项技术的社会后果进行预测，但若到了可以清楚认识到该项技术带来的不良甚至危害性社会后果之时，其往往已经成为整个经济社会的一部分，再想要对此进行控制将会非常困难。这个困境理论已被众多哲学和科学研究人员认同，通常被称为“技术的控制困境”或“科林格里奇困境”。我们还可以从技术发展安全的角度对此困境作出解释：当确保安全轻而易举之时，难以预见今后对安全的需求；而当对安全的需求显而易见之时，再想作出改变已然需要付出巨大成本。

互联网等的发展历程其实早就证明了科林格里奇“所言极是”。在发展早期，享受互联网为人类社会带来的巨大红利是重中之重，安全问题或许被“有识之士”预测提出，但未能引起足够的重视。到现在，网络安全问题不仅影响网络空间的正常运行，相关风险甚至已经溢出到现实世界之中，网络安全治理更成为世界各国关注和讨论的核心问题。其实，不仅是新技术，几乎任何一项事物的发展和应用都存在类似的情况，安全作为伴生的一面，往往是在发展进行到一定程度之后才能被关注到，如何在合适的时机、采取合适的手段确保发展与安全的平衡需要长期思考，更要根据实际情况具体问题具体分析。

数据领域难逃“魔咒”

再把视角转回到数据领域，虽然不完全属于技术的范畴，但数据本身的安全治理和基于数据的各类技术或应用的发展仍然难以跳出科林格里奇的预言。

伴随着全球数字化转型的高速发展，数据“爆炸”的时代已然来临，海量数据的产生和流转成为“新常态”。国际数据公司 IDC 曾在其发布的《数据时代 2025》白皮书中提出，数据总量正在急剧扩张，预测到 2025 年时，全球创建、采集或复制的数据总量将达到 175ZB。2022 年 6 月，IDC 发布的相关报告又显示，2021 年全球数据总量达到了 84.5ZB，预计到 2026 年，全球结构化与非结构化数据总量将达到 221.2ZB。ZB 是一个什么概念？当前手机的存储空间仍处于 GB 或 TB 级别，存储容量为 1TB 的手机几乎可以完全满足日常生活的需要，而1ZB约为1TB的十亿倍之多。当然，数据的价值并非在于其数量，随着大数据、人工智能等技术不断精进，数据的潜在价值已经得到前所未有的释放和提升，基于数据的各类应用深刻改变了人类世界。英特尔首席执行官帕特·基尔辛格在多年前就曾提出，数据是新科学，大数据能掌控一切。如今，数据技术、数字经济成为了世界新一轮科技革命和产业变革的先机，成为企业、国家等各个主体相互竞争的重点领域，数据已不单单是数据本身，其作为一种新的生产要素创造巨大财富的特性为世人所知，作为一种新的“战略资源”助力国家获取国际竞争优势的能力被世界各国公认。

中国信息通信研究院相关研究数据显示，2021年，全球47个主要国家数字经济增加值规模达到38.1万亿美元，占GDP的45%，同年，我国数字经济规模达到45.5万亿元，同比名义增长16.2%，占我国GDP的比重达39.8%。数字经济发展速度之快、辐射范围之广、影响程度之深前所未有。我们知道，数据是数字经济的基础，数据安全本应该是进入数字经济时代最先受到重视并加以解决的事项，只有确保数据安全存储、流通和使用，数字经济未来市场才会更加广阔，各领域应用场景才能加速落地。但现实却恰恰相反，不论是从认知水平提升、规章制度建设，还是从相关技术难题解决等层面看，数据安全保障均没有跟上数字经济发展的脚步，其未来仍有很长的路要走。

数据就像是一个打开了的“潘多拉魔盒”，相关领域的高速发展产生了越来越多的安全隐患，带来了各式各样的安全难题。各类数据安全事件于多年前就已在全球范围内频繁发生：2013 年 10 月，中国安全漏洞监测平台乌云网披露，浙江惠达驿站公司自身安全漏洞导致与其有合作关系的大批酒店的开房记录数据被泄露，超过 2000 万条个人开房数据在网上贩卖；2013 年和 2014 年，全球互联网巨头雅虎公司接连遭遇黑客攻击，被窃取了超过十亿用户的账户数据，数年后，美国检方以参与针对雅虎的网络攻击活动为由，对俄罗斯情报官员提起诉讼；2017 年，全球范围爆发针对 Windows 操作系统的勒索软件“想哭”（WannaCry）感染事件，全球 100 多个国家数十万用户中招，各个行业的相关主体均遭受不同程度的影响，海量重要或隐私数据因未支付“赎金”而被彻

底删除……可以看到，相关事件涉及数据量大、主体多、范围广，不仅使得个人隐私被泄露，也使得企业等私营主体遭受了巨大的经济损失。

同时，数据安全已经上升到了影响国家安全的高度。滴滴案例应该是近两年来国内最广为人知的涉数据安全事件。2021 年 7 月 2 日，网络安全审查办公室发布公告称，为防范国家数据安全风险，维护国家安全，保障公共利益，依照相关法律对“滴滴出行”实施网络安全审查。经历一年漫长审查期，2022 年 7 月 21 日，国家互联网信息办公室公布了对滴滴全球股份有限公司（以下简称“滴滴公司”）的审查结论和处罚结果。在可以公开的违法事实当中，滴滴公司所有的违法违规行为几乎都与数据有关，包括过度、违法收集数据和违规分析各类数据信息等，涉及数据量最低为十万级别，最高达到了百亿级别。除可公开的违法事实外，滴滴公司还存在严重影响国家安全的数据处理活动，其违法违规运营给我国关键信息基础设施安全和数据安全带来了严重的风险隐患。这一事件只代表了数据安全影响国家安全的其中一个方面，但也体现出数据安全风险将可能诱发国家安全危机，维护数据安全是确保国家安全的重要组成部分。

总而言之，数据领域的发展进程仍然没有能够绕过“科林格里奇困境”，对数据安全的重视迟滞于数据技术和应用的高速演进，导致数据安全问题发展到了一个极为复杂难解的地步。在“万物皆数”的今天，正确认识数据带来的多维安全问题、把握数据安全的内涵和外延已显得尤为重要。

内生的安全难题

数据相关产业的发展必然伴随着大规模的数据采集、开放和流通，各类政策也必然会向数据公开、数据共享倾斜，在这个过程中受制度缺失、利益驱使、技术保护不到位等因素的影响，数据领域自身涌现了众多突出性的安全问题，我们把这类问题定义为数据内生的安全难题。下面讨论几项有代表性的数据内生安全难题。

数据权属纠纷由来已久

首先来关注数据权属界定不明所引发的安全隐患。如字面所述，数据权属界定就是要针对不同来源的数据，厘清各主体之间的复杂权利关系，明确数据产权究竟应该属于哪一主体。随着价值的不断提升，数据已成为一项重要的资产，作为资产却没有明确的归属人，这听起来或许不可思议，但现实中的难点和分歧点确实很多。如数据从产生之际就涉及个人、企业、政府部门等多个主体，在挖掘、加工等再创造过程中又会与更多主体产生关联，权属难免存在多重性，再如上数据可以被不同主体应用在不同场景中，产出不同的价值，进而会形成复杂的利益关系。数据权属界定不明不仅严重制约了相关产业的发展速度，也带来了多层面的安全问题。

在国家层面上，对内来看，由于数据权属界定不明，政府和企业主体之间的数据流通、共享等机制难以建立，相关政府部门基于监管职能或公共服务需求使用企业数据也存在一定困难，这对行业治理和监管等都造成了不良影响；对外来看，数据权属进一步演变为国家数据主权问题，一般认为，数据主权是指国家对其政权管辖地域内的数据享有的管理控制、开发利用和安全保护的权力，数据被他国采集和分析利用可能会影响本国产业发展甚至威胁国家安全，近年来大规模数据窃取、数据监控事件频发，数据权属模糊是难以控制和惩戒此类事件的主要原因之一，明确数据主权已引起国际社会的高度关注。从企业层面看，数据过度集中在部分企业主体的现象已经显现，相关企业事实上拥有着对数据的控制权，由于数据权属界定不明，缺少权属冲突解决规则，极易引发企业之间、企业与用户之间的权利纠纷，在我国首例大数据不当竞争纠纷案中，新浪微博认为脉脉违反了双方签订的《开发者协议》，非法获取新浪微博 Open API（开放应用编程接口）授权的用户头像、昵称、性别、教育和职业等之外的其他数据，侵犯了其数据所有权。近年相关的争议事件还有很多，给数字经济市场秩序和稳定带来了挑战。从用户层面看，数据权属界定不明给用户个人数据保护埋下了隐患，用户数据权益时常被侵犯，如部分企业未经用户同意就把涉及个人隐私的数据在企业内部产品之间或与外部关联方任意共享，在用户毫不知情的情况下进行数据处理活动。此外，数据权属界定不明在一定程度上诱发了不当采集用户数据的现象，这一现象近年来受到高度关注，下面还要对其进行详细的讨论。总之，数据所涉及的主体结构不断复杂化，虽然数据权属界定仍面临诸多问题和挑战，但其是确保数据安全的基础性工作，未来相关法律、制度等将会持续完善。

数据不当采集问题频发

很多人默认数据是企业、平台等为我们提供服务的基础，并不关注自己的个人数据以什么样的形式“被获取”。但要知道，在没有得到用户授权的情况下收集用户数据并“创造价值”属于违法违规行为。2021 年 11 月 1 日，《中华人民共和国个人信息保护法》正式施行，其中第三款第六条明确规定，“处理个人信息应当具有明确、合理的目的，并应当与处理目的直接相关，采取对个人权益影响最小的方式”，“收集个人信息，应当限于实现处理目的的最小范围，不得过度收集个人信息”，也就是说，针对个人用户的数据采集需要遵守“最少必须”的原则。

当前，大多数科技和互联网企业的业务已转向数据驱动，数据已经成为其发展和盈利的核心引擎。为实现利益最大化，利用捆绑功能服务来一揽子索取个人信息授权、用户拒绝授权就无法使用平台或应用的基本功能这些变相侵犯用户个人数据权益的做法已成为“家常便饭”。更让人难以接受的是，我们的个人数据正在被“悄悄偷走”。早在 2016 年，法国国家信息与自由委员会就指责微软在未经用户授权的情况下利用 Windows10 操作系统搜集用户数据、跟踪用户行为，还将相关数据保存到用户所在国家之外的服务器上。2019 年，我国工业和信息化部开展了手机应用软件侵害用户权益的专项整治行动，重点整治包括手机应用软件违规收集和使用个人数据在内的各类问题；2021 年 6 月，行动阶段性完成对 117 万款手机应用软件的技术检测，对 4002 款违规手机应用软件提出了整改要求，公开通报了 1248 款整改不到位的手机应用软件，组织下架了 329 款拒不整改的手机应用软件，相关数字可以说是触目惊心。即便在这样的高压整治之下，数据不当采集现象仍然屡禁不止。2021 年 3 月 15 日，央视“3·15”晚会曝光了内存优化大师、超强清理大师、手机管家 Pro 等手机应用软件打着清理内存的旗号，通过技术手段不断获取手机数据，包括应用列表、定位信息、通讯录信息等等。相关部门仍在持续加大对不当采集数据现象的监管和惩处力度，虽已取得一定成效，但仍需高度警惕此类现象的发生。

数据泄露日益严重

数据泄露作为数据安全中的典型问题已存在多年，主要发生在数据存储、使用和共享等环节。近年来，数据泄露的量级不断提升，泄露事件频频发生，波及众多行业，给各类主体带来了不可估量的损失。从全球范围看，2019 年时，全球数据泄露记录为 151 亿条，而 2020 年全球范围内公开报告的数据泄露事件就有 3900 余起，泄露的记录数量达到了 370 亿条，近些年这些数字仍有增无减。再看国内，中国互联网络信息中心在 2022 年 8 月发布的第 50 次《中国互联网络发展状况统计报告》显示，截至 2022 年 6 月，我国有 21.8% 的网民遭遇过个人信息泄露。上文提到，数据在某些企业主体过度集中，加之部分主体并未尽到数据保护的义务，大量级、大规模的数据泄露事件发生频次明显提升，如 2021 年 4 月，脸书约 5.33 亿全球用户的个人数据被发布在互联网上，涉及用户姓名、电话号码和电子邮件地址等信息，爱尔兰数据保护委员会于 2022 年 11 月宣布了对该事件的调查结论，称脸书母公司 Meta 未能尽到欧盟《通用数据保护条例》中数据保护的相关义务，对该公司开出了 2.65 亿欧元的罚单。

数据泄露问题日益严重不仅体现在数量增长上，还体现在后续影响和涉及领域范围持续扩大上。2022 年 7 月，国际商用机器公司（IBM）旗下组织 IBM Security 发布《2022 年数据泄露成本报告》，该报告针对 2021 年 3 月至 2022 年 3 月期间全球 550 家组织经历的真实数据泄露事件进行深入分析，结果显示数据泄露的平均成本创下 435 万美元的历史新高，过去两年数据泄露成本增加了近 13%。报告还提出，83% 的受访组织已发生过两次及以上数据泄露事件，60% 的受访组织在事后提高了商品或服务的价格，数据泄露造成的损失被转移至消费者身上。也就是说，数据泄露不仅使得企业经济利益受损，也无形中增加了用户的支出。此外，数据泄露不只发生在商业领域，涉政务、医疗和生物识别等领域的特殊敏感数据泄露的风险也在不断加剧，这些领域数据具有极高的社会和经济价值，黑客将其作为攻击目标可获得更高的利益回报，泄露后产生的危害性后果也较大。以政务数据为例，其涉及户籍、社保、疾控、政策甚至是国家战略等方面的敏感重要信息，这些数据一旦泄露，对个人而言可能致使隐私曝光、财产受损，对企业而言可能导致核心经营数据和商业秘密外泄，对国家而言可能严重影响政府调控、决策治理等的效果。

数据分析滥用引发关注

数据分析被滥用是近些年来关注度较高的一个问题。数据分析本身是一项中立性的技术，在正确使用的前提下，其可以使得人们的生活更为便利化，特别是近年来随着人工智能等技术的发展，在相关技术加持下的数据分析水平不断提升，智能、高效已成为现在这个数据时代的显著特征。但若使用不当，数据分析也将埋下安全隐患。

对用户消费习惯、兴趣偏好等进行深度挖掘式的数据分析，进而采取差异化定价等“大数据杀熟”手段近年来已被推向风口浪尖。复旦大学研究人员通过对比 2017—2020 年某打车平台数据，发现老用户打车比新用户更贵；2020 年 9 月，央视财经频道点名批评在线旅游平台的大数据杀熟现象，报道中提到在线旅游平台针对不同消费特征的旅游者对同一产品和服务在相同条件下设置差异化价格。这些手段实际上损害了用户的知情权、公平交易权等基本权益。个性化内容推荐中也存在滥用数据分析的现象。年龄、性别、教育程度、工作地点等详尽的个人信息被程序背后的数据分析公司一一记录，再利用在线时间、浏览记录等信息结合分析，可以总结出用户的个人爱好、性格特点、政治倾向等。推荐系统会基于这些内容重复推送其认定的用户感兴趣的信息，间接剥夺用户对其他信息的知情权，使用户困于信息茧房之中，而用户长时间接触这些“精准投放”的内容，其思想和行为极有可能在不知不觉中受到影响。拥有海量数据的公司掌握着用户的一举一动，无声无息间“窥视”我们的生活，甚至引导我们的思考，这是一件极为可怕的事情。近年来，个性化内容推荐的方法还被滥用于虚假和敏感信息传播，由于人们关注的热点敏感话题信息极易被网络催生和传播，相关事件均造成了较大影响，进一步破坏了数据生态环境。

泛在的衍生效应

数据安全的难解程度不仅限于内生安全，其早已与各安全领域相关联，衍生出庞大的数据安全“蛛网”。

威胁政治安全

2018 年 3 月，英美媒体曝光英国政治咨询公司剑桥分析在未获得用户授权的情况下，违规收集了数千万脸书用户的个人信息数据，并在这些数据的基础之上预测用户政治倾向，借助广告投放系统定向推送政治广告，影响目标用户在美国大选中的投票行为。为此，脸书公司在 2018 年遭遇多国用户集体诉讼，美国联邦贸易委员会于 2019 年 7 月对脸书开出了 50 亿美元的“天价”罚单，英国、巴西等国的监管机构也对脸书公司进行了处罚。

我们来看一下剑桥分析如何利用用户数据来影响选民投票。首先，该公司将违规收集的用户个人信息和用户在脸书上的互动行为信息结合在一起，通过大数据分析把用户按照人格特征进行分类，在此基础上实施精准投放广告、定向发布新闻甚至制造假新闻等手段。除此之外，有人士曝光该公司可以通过大数据分析判断用户易于接受的信息形式，包括话题、表达语气、内容等，用户如何消化信息、哪些信息会令用户印象深刻，甚至需要接触多少次信息才能改变用户想法等都可以进行预测。相关专家提出，

“个性化的数据可以让你确切知道，以何种信息瞄准谁，只要你能在对的时候，把对的信息，放在对的人眼前，数据就能发挥威力”，数据分析在潜移默化中改变了用户的想法，达到了政治宣传的目的。这些手段究竟在多大程度上影响了政治竞选或许难以定量评估，毕竟我们无法观察人类思想变化的过程，但其确确实实为我们敲响了警钟，试想，若在社交媒体平台上看到的涉政治类信息都是针对性分析后的结果，自己以为的“理性思考”其实是别有用心者的“精心误导”，这是一件多么可怕的事情。可以说，剑桥分析事件重新定义了数据和竞选活动之间的关系，其利用数据把社交工具变成了“政治武器”，数据安全与政治安全在此事件中被高度关联在了一起。

数据深度伪造是数据安全风险溢出的又一典型场景。深度伪造通常基于人工智能技术，其基本技术原理是使用名为“生成器”的神经网络根据源数据特征生成模拟数据，再使用名为“鉴别器”的神经网络对模拟数据的真伪进行反复验证和评估，最终生成逼真的模拟效果。目前，深度伪造通常用于实现图像、视频、音频等不同形式数据的生成或修改，特别是“人工智能换脸”应用范围极广，这本身是一种中立性的技术，但频繁的恶意使用却逐渐引发了数据信任危机甚至是政治危机。2019 年，美国多个电视台播出了伪造的特朗普演讲视频，视频中特朗普面色通红、表情滑稽，严重损害了其形象，同年，特朗普在推特（Twitter）

上分享美国众议院议长南希·佩洛西的伪造视频，讽刺她反应迟钝；在 2022 年俄乌冲突爆发的早期，也曾出现过伪造政治代表或公众人物的言论视频，导致公众情绪起伏、舆论动荡。从政治安全角度来看，深度伪造可以把各类形式的虚假数据以高度可信的方式呈现给社会公众，进而操纵受众情绪反应，引发社会广泛不信任，它很可能被国外势力利用，成为诋毁国内政党、挑拨内部矛盾、煽动暴力活动的工具。

安全风险外溢

数据所带来的安全风险不仅仅会蔓延到政治安全领域，其衍生效应也会涉及安全领域的方方面面。

“徐玉玉案”曾在 2016 年引起国内社会的高度关注。2016 年 8 月，准大学生徐玉玉接到了声称为其发放助学金的诈骗电话，被骗取学费 9900 元，被骗后徐玉玉突然昏厥，不幸离世。据警方调查，徐玉玉的相关信息是由电信诈骗者在网上非法购买所得，而其源头则是黑客利用安全漏洞侵入高考网上报名信息系统，盗取数十万条高考考生数据并将数据非法出售。

随着大数据的开放流通，庞大的数据违规交易地下黑灰产业链已经形成，涉及个人、企业等主体的各类数据按照行业划分被明码标价，在整个数据违规交易过程中，内鬼、黑客、爬虫软件开发商、清洗者、加工者、料商、买家等多类主体催生出规模巨大的数据黑市。曾有记者在调查采访过程中发现，数据黑市交易利益链已经较为成熟，可以清晰地划分为四级：第一级黑客或内鬼使用高精深软件盗取公民个人信息；第二级料商购买盗取来的公民个人信息，以此建立自己的信息数据库；第三级代理商从料商手中获取数据，并将数据进行倒卖；第四级信息使用者，主要是电信诈骗人员等购买数据，以此为基础开展违法犯罪活动。这种数据黑灰产业链不仅阻遏了数字经济的健康安全发展，而且“推动”了电信诈骗、金融盗窃等一系列违法犯罪活动日益“精准化”“智能化”，对社会、企业、公众的财产和安全构成严重威胁，对打击犯罪、维护稳定、社会治理等社会安全的多个方面都造成了极为不利的影响。

新冠疫情肆虐全球，我们每个人的生活都因疫情而遭受或大或小的影响，生物安全这个以往的“庙堂之论”已经飞入寻常巷陌。与此同时，随着生物科学与新兴科技特别是信息科技的高速融合，生物安全与数据安全的相交度不断提高，生物数据安全引起了各类主体的高度重视。目前所说的生物数据主要有两类：一类是基因、蛋白质序列等的生物演化信息数据，称为生物体遗传数据；另一类是人脸、指纹、生物实验研究数据、药物临床试验数据等用于描述生物体各种性状的其他各类数据和复杂衍生信息数据，称为非生物体遗传数据。生物数据不仅是科研的基础和重点，也与人类社会发展和日常生活密切相关，在健康、环境、能源、农业甚至是军事等相关领域都有广泛应用，蕴藏着巨大的经济价值、社会价值和军事应用价值。

正是因为生物数据的巨大价值，世界各国特别是主要发达国家早就开始了对生物数据的开发利用。以破译人类遗传信息为目的的“人类基因组计划”由美国科学家于1985年率先提出，1990年正式启动，2003年就已成功完成。在这之后，各类大规模的生命科学研究计划纷纷启动，再加上近年来数据相关技术的飞速发展，生物数据的采集、存储和应用更为便利，这些因素都使得生物数据爆炸式增长。到现在，生物数据与其他数据一样，已成为推动数字经济发展、引导大国竞争的新兴战略资源。

生物数据安全目前面临着许多挑战。首先，世界各国都在围绕生物数据资源进行争夺。西方发达国家在这方面起步较早，除主导“人类基因组计划”等研究项目之外，还成立了国家级生物信息中心，世界权威性较高的有美国国家生物技术信息中心、欧洲生物信息研究所、日本DNA数据库等。由于设立时间早、政策支持充足，它们已在国际层面形成事实上的“垄断”，特别是美国强制以国家政策配合科研和行业规则，要求把生物研究数据提供给美国国家生物技术信息中心，相关数据被迫流向美国，存在极大的安全隐患。近年来，国家层面遗传资源材料和信息违规出境的案件时有发生，国家对生物数据的主权问题，以及生物数据跨境流动和共享的管制问题引起了国际社会的广泛讨论。其次，生物数据用途问题变得日益突出。在基因水平上对活体生命的研究本身较为敏感，甚至可以说直接关系人类进化与种族繁衍，涉及各类伦理道德问题，当前大数据分析技术日益精进，理论上可以从人类基因组数据的大数据集中发现特定群体在基因模式上的差异性，进而设计针对性的生物攻击武器，若其被用于敌对国家间攻击或恐怖活动，后果将不堪设想。此外，对病毒相关遗传信息进行研究的本意是促进疫苗等防御制剂的研发，但别有用心者也可能会据此研制已经灭绝或毒性、传染性、抗药性更强的病毒，让世界陷入病毒恐慌之中。最后，生物数据保护力度仍需进一步提升。当前，不论是生物体遗传数据还是非生物体遗传数据，相关保护制度机制和保护技术仍存在一定漏洞。而这些数据的高应用价值吸引了越来越多的攻击者，甚至不时有敏感的人类基因组数据在网上被共享或贩卖。如果防护水平不能及时跟进，数据被盗取甚至被篡改替换的可能性将持续增大，带来巨大的个人隐私泄露风险、科研工作失败风险甚至是生物武器攻击风险。

贯穿始终的动态演进

在数字化时代刚刚起步之时，我们何以想到当前数据安全所涉领域之广、风险程度之大，但许多安全问题一开始并不存在，随着相关技术和应用的演进发展，它们才出现在我们的视野中。数据安全是动态的而非静态的，其威胁来源和涉及的攻击手段将不断变化，新的风险和挑战必然还会不断涌现。

人工智能与数据安全的相互关联

以人工智能为例，来探讨新兴技术带来的新型数据安全问题。人工智能和大数据密不可分，甚至相互依存。首先，人工智能是一项高数据依赖型的技术，有这样一种形象化的描述：如果把人工智能看作一个嗷嗷待哺、具有无限潜力的婴儿，数据就是喂养这个婴儿的奶粉，奶粉的数量决定了婴儿能否长大，而奶粉的质量则决定了婴儿后续的智力发育水平。其次，大数据分析能发展到今天这样的高度也离不开人工智能技术的加持，分析的前提是能够深度挖掘海量数据之间的隐藏关系，而当前以深度学习为代表的人工智能拥有和擅长的正是这一能力，因此极大提升了海量数据的利用水平。

人工智能与数据之间的这种密切关联也诱发了诸多的数据安全风险，上文提到数据深度伪造带来了一系列安全问题，这里再以两类“攻击”作为例证。一是“数据投毒”攻击。在现代人类社会中，“红灯停、绿灯行”等一系列基本交通规则一直在被严格遵守，试想，若有一名从小被教育“红灯行、绿灯停”等错误规则的孩子第一次上路，将可能会产生多么严重的后果。同样，人工智能模型的“成长”需要大量训练数据，其判断真假或正误的能力是从训练数据中习得的，若攻击者在训练数据集中“投毒”，即添加与原本训练目的不一致的错误样本，将导致训练出的模型在“决策”时出现偏差，从而影响人工智能模型的有效性和安全性。更为棘手的是，“数据投毒”攻击通常在危害性后果产生之后才能被发现，这是因为当前深度学习等人工智能算法可解释性差，输入的数据与输出的结果之间是如同“黑箱”一样的构造，即便是专业技术人员也难以系统把握算法的内部运行机理，也就难以及时检测模型是否已被攻击。在自动驾驶场景中，攻击者可以使用带有特殊标签的数据训练模型，基于该模型的自动驾驶系统可能会在特殊标签被“激发”时违反交通规则；在聊天机器人应用场景中，攻击者可以使用带有种族歧视、性别对立等观点的文本数据来“带偏”模型，基于相关模型的聊天机器人将存在“偏见与歧视”。二是人工智能数据窃取攻击。人工智能模型是在对大量数据进行训练的基础上得到的，一定程度上与训练数据建立了关联关系，攻击者可以利用模型的参数信息、输出的中间数据结果或预测结果来恢复训练数据中的重要信息，以此达到窃取训练数据的目的。已有研究人员实现了针对人脸识别系统的数据窃取攻击，可以根据用户姓名信息等恢复出用户的人脸照片；还有研究人员发现深度学习模型，尤其是生成式模型中存在“意外记忆问题”，即模型在对一些出现频次低但又敏感重要的训练数据（如用户密码）进行学习时，会倾向于完整记录数据细节，增加了此类数据的泄露风险。可以说，人工智能数据窃取攻击给非公开或隐私训练数据带来了极大的安全隐患。

元宇宙未来的数据安全风险

元宇宙（Metaverse）近年来的火热程度有目共睹，自 2021 年 3 月游戏公司罗布乐思（Roblox）把元宇宙概念写入招股书以来，脸书、英伟达、苹果、腾讯、阿里巴巴等国内外知名企业均开始了在元宇宙领域的探索，脸书公司甚至宣布进行重大战略转型，将公司更名为 Meta，业务全面转向元宇宙。原本只存在于小说和电影中的元宇宙，目前已走入网络游戏和网络社交领域，相关人士宣称其将延伸到日常生活中，甚至将成为未来引领数字经济发展的热点。虽然各国政府对元宇宙的态度还相对谨慎，元宇宙自身的发展也仍处于初级阶段，但我们仍需提前考虑元宇宙现有和未来可能引发的数据安全问题。

元宇宙目前还未有统一定义，简单来说，它是一个平行于现实世界运行的人造数字虚拟空间，用户在其中拥有自己的虚拟身份和数字资产，可以进行社交互动甚至从事生产经营活动。从概念中就能看出元宇宙与数据和数字空间具有极其密切的联系，其中的应用场景刻画、图形视频构建、数字内容创造、业务流程开展等活动若缺少数据支持就完全无法开展，当前现实世界中存在的数据安全问题在元宇宙中只会更加凸显。若各大科技公司的元宇宙业务能够顺利开展并在全球范围内铺开，大量用户的接入将使得海量个人用户信息涌入虚拟空间，数据应用场景更为多样化，数据权属不明带来的隐性问题将更加突出，隐私数据泄露的频率和危害将只增不减。为提升用户在虚拟数字空间中的体验感，元宇宙相关技术必然会针对用户个性化数据进行深度系统化的智能挖掘，这也对数据分析合理化提出了更高要求。此外，元宇宙世界在一定程度上模糊了传统意义上的国家地理边界，全球用户在元宇宙中必然会建立起联系，对用户个性化数据进行深度挖掘后的结果也就会在全球范围内使用，如何实现重要敏感数据跨境传输过程中的有效规制也是必须要重点关注的问题。其实，且不说在还未成熟落地的元宇宙中进行数据的跨境传输，现实世界中跨境数据流动早就于近年成为全球热点。

跨境数据流动潜藏的数据安全隐患

这里先忽略跨境数据流动背后的国家间博弈以及规则之争，只谈保障机制和举措不够成熟带来的数据安全隐患。在全球数字经济快速发展的背景下，数据有序跨境流动有利于全球数据资源的开发利用和开放共享，能够进一步为经济和社会发展注入强劲动能。但如何规范跨境数据流动仍处于探索改进阶段，所涉风险仍然较多，特别是跨境流动所涉及的更多是规模化数据和敏感数据，这与国家安全和公共利益息息相关。整体来看，在数据传输、存储和使用三个环节，跨境数据流动均存在安全风险。传输过程所涉数据体量大、跨境环节多且路径长，需要更强的安全保障力度，以避免数据在中途被截获、篡改甚至伪造；各国家和地区对数据存储的重视程度和相应防护能力均有差异，若没有相关机制确保输出到境外的数据的存储安全，易出现数据泄露等问题；跨境数据在不同国家或地区的应用场景也极为多样，数据所在国差异化的政策和法律可能引发数据应用方面的矛盾甚至冲突，数据被滥用的可能性加大。

事实上，跨境数据流动的这些安全隐患对个人、企业、国家等主体都会造成较大的影响。个人数据在跨境流动时更易泄露并引发经济损失等的一系列问题，这就不再详述了。从企业层面来讲，目前跨境数据流动多数发生在大型跨国公司的业务之中，大量数据集中存储于这些公司的境外数据中心或云平台上，吸引了更多黑客攻击，若发生数据安全事件，必然会对相关公司造成声誉、经济效益和未来发展等方面的多重影响。从国家层面看，界定并控制可以跨境流动的数据类型对维护国家安全而言也至关重要，对经贸、社会民生等领域的规模型数据进行深度挖掘，可能会分析出国家相关行业的重要战略信息。目前，虽然全球各国对跨境数据流动的重视程度不断提升，但在大国针对跨境数据流动的规则与模式之争日趋激烈的背景下，其本身的安全隐患并未得以有效解决，更多新的复杂安全问题反而影响深远。

除上述内容之外，还有更多新数据安全问题正在或已经进入我们的视野。量子计算提供的强大算力将使现有的公钥密码体系形同虚设，若不及时跟进改变，攻击者在未来将能随意获取信息通信中的加密数据；太空互联网已初成规模，未来如何保障太空互联网通信过程中的数据安全还需国际社会共同商讨并探索；发达国家与发展中国家之间，甚至同一国家不同地区之间严重的“数字鸿沟”问题在新数字时代将会被显著放大，进一步演变为对社会和国家安全的威胁……未来，数据安全的内涵和外延将远不止目下所及，以动态视角及时发现并解决隐患也是对我们的重大考验。

小结

有人曾将美国硅谷的运转比作森林生态系统的循环，部分朽木不断腐烂，为新生代树木的生长提供养分，如果外部的冲击或者内部的腐败超过了森林自我调节的极限，生态系统就会进入恶性循环，日益走向衰败。这里面其实包含了人们对于技术发展和安全平衡状态的担忧。当前基于数据的各类技术和应用仍在蓬勃发展，数据领域的安全形势也在不断发生改变，达成绝对安全或许难成现实，但确保发展与安全的平衡是可以做到也是应该做到的。给相关技术和应用加装“安全阀”，让数据领域实现更可持续的安全发展，数字时代的未来才会更加美好。

参 考 文 献

1 何波:《数据权属界定面临的问题困境与破解思路》,《大数据》2021 年第 4 期。

2 王伟洁:《我国数据安全风险、治理困境及对策建议》,《网络安全和信息化》2021 年第 6 期。

3 林伟:《人工智能数据安全风险及应对》,《情报杂志》2022 年第 10 期。

4 顾益、陶迎春:《扩展的行动者网络——解决科林格里奇困境的新路径》,《科学学研究》2014 年第 7 期。

5 王小理、阮梅花、刘晓等:《生物信息与国家安全》,《中国科学院院刊》2016 年第 4 期。

2

第二章

围绕数据展开的权力博弈

第二章

美国未来学家阿尔文·托夫勒曾在所著《第三次浪潮》中断言:"谁掌握了信息,控制了网络,谁就将拥有整个世界。"互联网时代,信息呈现爆炸性增长态势,其海量汇聚而成的浩瀚汪洋亦日益将个体的人类所包围。随着数据作为推动世界经济发展的引擎和基础战略性资源不断受到重视,有关数据发展和安全的问题日益成为关注焦点,围绕数据的存储、跨境和获取等各环节展开的博弈也成为各国权力竞争的重要内容。

“本地化”的是与非

2013年，美国中情局前技术分析员爱德华·斯诺登向英国《卫报》和美国《华盛顿邮报》披露了美国国家安全局代号为“棱镜”计划的绝密文件，揭露出美国国家安全局和联邦调查局自2007年起直接进入美国网络公司的服务器挖掘用户个人数据、收集情报的事实，其中，微软、谷歌、苹果、雅虎等国际互联网巨头皆牵涉其中。“棱镜门”事件震惊全球，其引发的信息安全冲击至今余波尤在，促使各国重新审视数据安全问题并检查自身安全漏洞。许多国家出于个人隐私保护和国家安全等考虑，纷纷采取措施加强对数据跨境流动的监管，由此掀起了数据本地化的浪潮。

内涵未有定论

数据本地化所谓何物？答案可谓众说纷纭。经济合作与发展组织认为对数据本地化的通用定义达成一致是问题探讨的良好开端，其在2020年的报告《数据本地化的趋势和挑战》中尝试将数据本地化定义为“直接或间接规定在特定管辖区内以独占式（数据副本不能离开）或非独占式（数据副本必须保留）存储或处理数据的强行法或行政性规定”，其特点之一在于强调任何类型的数据，无论个人数据与否，均有可能受到数据本地化要求的约束。与经济合作与发展组织的定义存在差异，美国智库战略和国际研究中心则认为数据本地化最普遍和被广泛接受的定义是：“要求与一国公民或居民相关的某些数据必须物理存储在该国境内基础设施之上的政策或命令。”广义上，数据本地化可以理解为任何对数据跨境流动加以限制的制度。全球互联网治理委员会在其2015年的报告《数据本地化规则对金融服务的影响》中，将数据本地化概括为四种类型：一是数据导出的地理限制，即要求数据必须于某一国家或区域境内存储和处理；二是数据位置的地理限制，即允许数据副本出境处理，但在本国或本区域内必须存有副本；三是基于许可制的法规，即要求数据出境需经有权机关许可；四是基于标准的法规，即要求数据出境必须采取标准化的步骤以确保数据安全和隐私保护。其中，前两种类型在当前数据本地化立法中较为普遍。这一分类更为宽泛，但也存在将不同本质的现象捆绑讨论的问题。

由上观之，由于内涵的分化，数据本地化至今尚未有一个放之四海而皆准的定义。事实上，由于数据本地化涉及多种讨论维度，其往往与网络治理、国际贸易、国家安全等各式各样的主题杂糅，讨论时往往容易给人“乱花渐欲迷人眼”之感，是故颇为复杂。

是非“争议体质”

数据本地化是一个容易激起争论的话题，既不缺为之摇旗呐喊的大批拥趸，也不乏对其大肆抨击的众多反对者。对这个话题的讨论就像一场旷日持久的辩论赛，正反方抛出各种论据证明自身观点的合理性，且双方往往各执一词，是是非非难有定论。

然而，无论多么容易引起争议，数据本地化的趋势已成为不可否认的事实。根据美国信息技术和创新基金会 2021 年 7 月发布的报告《跨境数据流动的壁垒如何全球扩散、代价几何以及解决之道》所列数据，仅在 2017—2021 年，采取数据本地化政策的国家数量便由 35 个增加至 62 个，全球数据本地化政策的总数从也从 67 个激增至 144 个，还有数十项“蓄势待发”。

为什么越来越多国家实施数据本地化？经济合作与发展组织认为最基本的原因为数据的经济价值。早在 2017 年，《经济学人》杂志发表了一篇题为《世界上最有价值的资源不再是石油，而是数据》的文章，引发广泛讨论。时至今日，数据是“新石油”这一表述似乎已成为不刊之论。数据资源化的趋势表明，与控制石油类似，控制数据将有助于获得地缘经济和地缘政治优势。除保持经济竞争优势外，保障网络安全、限制国外网络间谍活动、协助国家安全和执法机构获取数据、减少和调查网络犯罪、保护个人数据、加强网络复原力、提供地缘政治优势、确保政府获取某些类别的数据也是数据本地化的常见动因。

与此同时，质疑数据本地化的合理性的声音也层出不穷。在反对者看来，数据本地化支持者所主张的许多动机都站不住脚：从经济效益来看，支持数据本地化驱动当地经济发展的证据有限——数据本地化虽然可能促使企业投资当地的服务器和数据中心从而促进就业，但也会大大提高从业者的基础设施投资、效率损失及合规成本，而这些成本最终通常会转嫁给消费者，因此长期来看不利于创新和经济增长。实际上，数据本地化并不会自动导致数据在本国创造价值。出于成本和收益的考虑，储存数据的地方也未必是创造价值的地方。从隐私保护和数据安全来看，由于将数据集中存储在更易受到入侵的单一位置，数据本地化可能会增加隐私风险。从可行性来看，数据本地化部分是为了阻碍或加大外国访问本国数据的难度，然而，鉴于加密技术和远程访问的结合，限制物理访问并不排除数据访问的可能性……诸如此类，不一而足。

实践五花八门

国际舞台上，各国对数据本地化的立场和政策存在很大差异，在实践中可谓“八仙过海，各显神通”，大致形成了以美国、欧盟、新兴经济体为代表的“三方鼎立”格局。

美国是反对数据本地化的“急先锋”，其立场和政策主要通过国际机构和双多边贸易协定予以体现。2019 年 3 月 6 日，美国就世界贸易组织举办的“电子商务倡议联合声明会议”发表声明，明确表示美国将致力于“解决包括数据跨境流动限制和数据本地化规定在内的数字贸易的障碍”。2020 年 7 月，“美国–墨西哥–加拿大协定”取代《北美自由贸易协定》并正式生效，其第 19 章第 11 条第 1 款规定，“当相关机构在其业务许可范围内开展相关数据跨境传输活动时，三方不允许限制相关机构以电子或其他形式跨境传输数据，包括个人信息”，由此明确了禁止数据本地化，并规定成员国之间的数据自由流动。究其原因，美国是世界数字技术与经济的龙头，享受着数据自由流动的诸多好处，故而对与数据自由流动立场截然对立的数据本地化大加反对。值得注意的是，美国自身并未对数据本地化政策采取“一刀切”的禁止。例如，美国对外国对美投资进行网络安全审查，且规定通过初步审查的外国投资企业须与美国国防部门、安全部门签署协议，要求有关企业的信息基础设施必须位于美国境内，所有的数据存储、交换和采集也都必须在美国境内进行。

欧盟的数据本地化立场因数据类型而“宽严有别”。对于个人数据，欧盟主张适当采取一定的措施对其跨境流动进行专门的监管，其中可包含数据（和设施）本地化规定。然而，对于非个人数据，欧盟则明确禁止数据本地化。2019 年 5 月 28 日，欧盟的《非个人数据自由流动条例》正式生效，该条例明确指出，数据本地化要求是对欧盟内自由提供数据处理服务和内部市场的明显阻碍，应当予以禁止，除非出于公共安全原因的数据本地化限制才可豁免。

在双多边国际经贸协定谈判中，欧盟亦禁止数据本地化。根据欧盟披露的世界贸易组织合并谈判文本，对于数据本地化的禁止包括四个方面：一是不得要求使用一方境内的计算设备或网络元件进行数据处理，包括要求使用经在一方境内认证或批准的计算设备或网络元件；二是不得要求数据在一方境内进行本地化存储或处理；三是不得禁止在他方境内进行数据存储或处理；四是不得把使用一方境内的计算设备或网络元件，或者事先满足一方境内的本地化要求，作为数据跨境流动的前提条件。故而产生禁止数据本地化的效果。

由于在数据产业和技术上较美欧处于相对弱势，以数据本地化措施来对数据跨境流动进行监管尤其受到俄罗斯、印度和中国等新兴经济体的青睐。俄罗斯在 2015 年 9 月 1 日生效的第 242-FZ 号联邦法中确定了数据本地化，要求所有国内外公司将俄罗斯公民的个人信息在俄罗斯境内的服务器上进行存储和处理。2019 年 12 月，普京签署了第 405-FZ 号联邦法律，再次强调数据本地化要求，并规定违反数据本地化规定的法人实体第一次将面临最高 600 万卢布的罚款，后续违规则将面临最高 1800 万卢布的罚款。印度是采取数据本地化措施的又一典型，通过诸多立法推进数据本地化。2018 年 4 月，印度储备银行颁布新规，要求印度境内支付服务提供商只能将在印度产生的支付数据存储在印度境内，并提交相应的合规审计报告。同年 7 月，印度效仿欧盟发布《个人数据保护法案 2018》，将个人数据分为一般个人数据、敏感个人数据和关键个人数据，要求对敏感个人数据进行软性本地化，允许在满足类似《通用数据保护条例》的条件时传输一些个人数据；对关键个人数据则进行硬性本地化，要求这些数据只允许在印度处理，不得传输到国外。

我国 2016 年 11 月通过的《中华人民共和国网络安全法》第 37 条明确指出，关键信息基础设施的运营者在中国境内运营中收集和产生的个人信息和重要数据应当在境内存储。如因业务确需向境外提供的，应按相关办法报有关部门进行安全评估。2021 年 6 月，我国通过《中华人民共和国数据安全法》建立数据分级分类管理和保护制度，并再次强调对关键信息基础设施的本地化要求。

尽管充斥着是非争议，但是数据本地化的国际趋势不可逆转，在全球数字地缘版图内，各国围绕着数据这一“新型石油资源”的争夺仍将持续。

跨境流动的进与出

何为数据跨境流动？

数据跨境流动并非新鲜事物。早在 20 世纪 70 年代，以经济合作与发展组织为代表的国际组织便敏锐地关注到数据跨境流动的现象与价值。在其1980年发布的文件《关于保护隐私与个人数据跨境流动的指南》中，数据跨境流动被定义为“个人数据的跨国界传输”。时移世易，全球化发展到今天，无论是在质还是量的方面，跨境流动的数据均呈飙升态势，其公认内涵也不再局限于物理意义上的跨越国界，通常还包括数据无需跨越国界的第三国主体访问和使用。

相较于传统的商品和资本的跨境流动，数据的跨境流动显得颇为特别。在麦肯锡全球研究院院长雅克·布金看来，数据跨境流动具有三个显著特征：一是更全球化，数据的跨境发送成本与国内相差无几，因此能轻松克服距离障碍传播至远方；二是更具

包容性，数据跨境流动不是少数大型跨国公司的“专利”，也为中小企业提供参与更广泛全球贸易的机会；三是更大动能，全球数据跨境网络正迅速演化并呈现“东渐”的趋势。

数据跨境流动具有多种分类方式，从数据流动的方向来看，数据跨境流动可以分为跨境流入和跨境流出。在数据流入方面，国家基于信息主权而采取的管控比较普遍，联合国教科文组织也对国家自主决定流入信息内容的权力予以确认。通常而言，一国会出于国家安全、文化安全以及民族认同、意识形态等原因对数据的跨境流入加以管控。在数据流出方面，情况则更加复杂，这也是各国在实践层面的分歧集中所在。

价值与风险并存

数据跨境流动是数字经济的命脉，价值突出，是促进全球经济增长的生力军和主力军。麦肯锡全球研究院在其 2016 年的一份报告中指出，数据跨境流动推动全球化时代迎来转折点，其对全球经济增长的贡献度甚至超过跨国贸易。细观数据跨境流动的经济价值，可以大致总结为若干方面。其一，降低成本和提高生产力。事实上，在过去十年里，数字贸易以年均 5.4% 的增长率“傲视群雄”，成为全球最快的贸易增长领域。其二，强化供应链韧性。数据跨境流动的即时性和分散性，有助于企业在全球供应链中实现实时监控和追溯，同时也可以减少数据本地存储时单点故障的脆弱性。其三，通过知识和数据共享及跨部门研发协作推动创新，数据跨境流动也是提升国家创新能力的重要催化剂。其四，数据跨境流动也使得远程学习和办公成为可能，因此有助于改善就业。

尽管数据跨境流动价值突出，但其不乏隐忧。从主体来看，数据跨境流动的风险主要集中在用户个人数据的泄露和滥用、跨国企业的管理难题和涉及国家安全的战略信息泄露三个层面。因此，在网络这一“第五空间”里，国家往往会面临数据的经济价值和国家安全担忧的两难命题。

实践规则的碎片化

尽管国家对数据流动采取管控措施的做法较为普遍，但总体而言，全球数据跨境流动规则尚处于探索初期。鉴于网络疆域的无政府状态，各国“八仙过海，各显神通”，对数据跨境流动的原则、管控理由等远未形成共识，致使数据跨境流动规则呈现碎片化与多元化的特点。

美国打造数据“宽进严出”的阀门，明面上主张全球数据自由流动，在实践中却尝试构建数据“单向”流动格局。在数据跨境流入方面，美国采取十分宽松的标准，意在借助美国企业走向全球的步伐，通过最大限度的减少美国企业在获取境外数据资源的障碍，从而促使美国企业掌握、控制尽可能多的全球数据。根据自身产业技术水平和全球运营状况，美国通过推动了《澄清境外数据合法使用法案》(又称《云法案》)等跨境数据获取政策法规，此外，美国还通过国际经贸谈判达成双多边经贸协定以维护塑造跨国或区域数据流动规则，构建区域性数据自由流动或数据共享机制，以打通并拓宽数据流入“阀门”，从而力促全球数据流入美国。在数据跨境流出方面，美国则从本土国家安全和公民个人信息保护的角度出发，采用了严格的数据流出标准。如，通过在各种部门法中进行分散立法的方式，严格限制特殊类型个人数据的流出。同时，为兼顾数据经济发展的需要，对于一般个人数据的流动采用行业自律的方式进行保护，形成了美国个人数据流出“分散立法+行业自律”的双重规制体系。

欧盟的数据跨境流动规则呈现“内外有别”的特点。针对成员国内部，欧盟力推数字化单一市场，致力于实现数据在欧盟范围内的自由流动，并以《非个人数据自由流动条例》打破各成员国数据自由流动的壁垒；针对第三国或国际组织，欧盟则就个人数据传输采取十分严格的标准，高筑数据流出的门槛，并通过“长臂管辖”实现欧盟外企业自愿或非自愿将数据带回欧盟境内。以《通用数据保护条例》为例，欧盟在其中规定了允许数据出境的三种情形：一是“充分性认定”，即只有当第三国或国际组织对欧盟个人数据的保护水平等同于欧盟内部保护水平时，且通过欧盟委员会的“充分性认定”，即认定该国已达到充分保护标准，才允许将欧盟公民的数据传输给该国；二是“适当保障措施”，即没有获得“充分性认定”的国家或地区，数据控制者或处理者如果可以提供适当保障措施，且满足数据主体行使权力、能获得有效法律救济的条件时，则可以将数据传输至该地；三是“法定例外情形”，即尽管一国对上述两个条件均不符合，但是若存在数据主体同意、履行合并义务、保护数据主体及他人重大利益、行使或抗辩法定请求权、公共注册登记机构数据传输等“法定例外情形”，也可获准数据传输。

俄罗斯、印度等新兴经济体多倾向于对数据跨境流动采取不同程度的限制。例如，俄罗斯要求在数据本地化的基础上、满足合规情况的条件下允许数据有序出境。2014 年，俄罗斯通过了个人数据本地化规则，要求收集和处理俄罗斯公民个人数据的所有运营者使用位于俄罗斯境内的数据中心，要求数据首次存储必须在俄罗斯境内的服务器上。印度是数据主权的忠实拥趸，并相继颁布了系列法规确立了数据跨境流动治理体系。其 2018 年起草的《个人数据保护法（草案）》规定关键个人数据一般不得出境，只有在涉及个人安全等的紧急情况下才能出境。此外，敏感个人数据可以传输到境外，但必须满足一定的条件，且获得了明示同意。然而，由于遭受国内外的大量反对，该草案于 2022 年 8 月被撤回。

如上所述，各国对数据跨境流动态度不一、规则各异，在实践中极易引发合规性冲突。以美欧为例，美欧依靠各自产业或市场优势，对数据跨境流动规则拥有较大国际影响力，但彼此间的跨大西洋数据流动也一波三折，双方就此展开多轮激烈博弈。

跨大西洋数据流动的多轮博弈

欧美之间的数据流动对彼此经济的影响可谓举足轻重。美国约翰斯·霍普金斯大学跨大西洋关系中心发布的《2019 跨大西洋数字经济》报告显示，欧美间跨大西洋的数据流动的速度和规模在全球范围内均属世界之最。美国白宫在其 2022 年 10 月发表的声明中也高度肯定数据跨境流动的意义，表示跨大西洋数据流动的重要性无出其右，是促使美欧经济关系达到 7.1 万亿美元的重要推动力。然而，美欧之间围绕数据跨境流动展开了多年博弈且一直分歧难消，从“安全港”到“隐私盾”协议的相继失效便可见一斑。

美国分别在 2000 年 7 月和 2016 年 2 月与欧盟签署《安全港协议》和《隐私盾协议》，这两部协议的核心目的均是确认美国可以给欧盟用户提供同欧盟法律相适应的个人信息保护水平，从而有利于个人信息在大西洋两岸自由流动。然而，2013 年，“棱镜门”事件令美国的监控丑闻曝光，引发欧盟对《安全港协议》的广泛质疑。同年，奥地利公民马克西米利安·施雷姆斯在维也纳法院提起诉讼，认为美国关于个人信息的保护强度远低于欧盟，请求禁止脸书将其个人信息传输至美国境内。2015 年 10 月 6 日，欧盟法院认定《安全港协议》没有确保美国对欧盟个人数据的充分保护，遂判定该协议无效。随之在 2016 年 2 月，美欧在多轮谈判之后达成了新的《隐私盾协议》。协议规定，美国企业可以要求认证，通过公开承诺遵守“隐私盾”框架的所有要求，以获得欧盟的“豁免审查”资格，从而让数据得以自由地在欧美之间跨境传输。然而，隐私盾协议也没有避免与前任相似的命运，2020 年 7 月，欧盟法院再度重拳出击，以数据保护不及欧盟标准为由，判决《隐私盾协议》无效，美欧数据跨境传输框架再度破产，只得开启第三轮数据跨境流动协议谈判。2022 年 3 月，美欧再度就“跨大西洋数据隐私框架”达成原则性协议，美国在协议中承诺实施改革并加强适用于美国信号情报活动的隐私和公民自由保护，意味着美国作出巨大让步。同年 10 月，美国总统拜登签署《关于加强美国信号情报活动保障的行政命令》，指示美国采取步骤落实欧美数据隐私框架下的有关承诺，以期获取欧盟委员会的充分性认定。

尽管存在国情、理念、机制、法律体系等因素的影响，但发展阶段和数字产业竞争力的差异是造成上述数据跨境流动规则碎片化的主要原因。当今数据产业格局的现实是，数据产业竞争力较弱国家的用户是数据的主要提供者，而竞争力较强国家的公司则是设备和服务的主要提供者。在不设限制的情况下，数据将自然向少数国家地理疆域内汇集。美欧作为发达国家和地区，虽然在数据跨境流动政策的目标上有所差别，但都意图掌控尽可能多的全球数据。而产业能力较弱的发展中国家往往陷入数字红利和国家安全的两难，在初期往往优先考虑如何护住自身重要数据，在确保数据安全的前提下再徐图降低数据跨境流动的障碍。

“长臂管辖”的攻与守

“长臂管辖”触手延及数据

“长臂管辖”这一概念脱胎于美国，最初用于处理美国跨州的管辖权问题。1945 年，美国联邦最高法院在“国际鞋业公司诉华盛顿州”案中确立了“最低限度联系”的管辖标准，即当被告住所不在法院地州，但和该州有某种最低联系，且原告诉讼的产生与这种联系有关时，则该州对该被告具有属人管辖权，可以在州外对被告发出传票。换言之，地方法院在特定条件下可以超越“属地管辖”将管辖权延伸至域外。然而，“最低限度联系”原则的模糊性导致其内涵在实践中被不断放大，以美国为首的国家依靠自身强大的实力，逐渐将长臂管辖权的触角向全球延伸，不断拓展长臂管辖权的内容和范围，即从民事诉讼到刑事诉讼、从州际管辖向国际管辖、从实体领土向网络空间的扩张。事实上，美国是较早将“长臂管辖”与网络数据相结合的国家，其法院在1997年的泽普网络销售公司（Zippo. Cybersell Inc.）诉网络销售公司（Cybersell Inc.）商标侵权案中对互联网案件的长臂管辖权进行了创新发展，即把网址分成互动型网址与被动型网址，并对互动型网址行使长臂管辖权。

一般而言，国家通常基于领土范围行使属地管辖权。若无公认的例外情况，一国在另一国领土之上行使管辖权往往会被视为侵犯他国主权。然而，随着信息时代的到来，数据打破了传统意义上的国家疆界，对主权国家基于地理范围行使管辖权的基础造成挑战。显而易见，“长臂管辖”向国际层面的延伸极易与行为人所在国的属地管辖或属人管辖发生冲突。一方面，网络空间成为了以美国为代表的多国进行“长臂管辖”的投射领域，国际舞台就此展开的攻防之战日趋激烈。另一方面，围绕数据主权和数据自由的争论难分高下，致使数据治理的复杂性愈发凸显。

在“数”即“权力”的时代，对数据的控制关乎各国战略利益，各国往往双管齐下，在加强对本国数据保护力度的同时，尽其所能扩大对域外数据的管辖权。然而，国家在数据领域的实力并不是均势格局，彼此在技术和产业上并不对等。正如《孙子兵法》所云:“不可胜者，守也；可胜者，攻也。”在跨境执法数据调取层面，实力强劲的美欧处于“攻势”，而能力次之的许多国家处于“守势”，并试图通过各种立法措施来阻断他国对本国境内数据的调取。

“长臂管辖”之“攻”:《云法案》与《通用数据保护条例》

美国进行数据“长臂管辖”，提取本国企业所拥有的存储在境外的数据信息的主要依据为 2018 年出台的《云法案》。《云法案》的出台主要为解决“美国诉微软案”。2013 年，美国政府为调查一起毒品犯罪案件，要求微软公司提交其存储在爱尔兰服务器中的犯罪嫌疑人相关的电子邮件，微软公司从个人隐私角度出发拒绝了该请求。后美国司法部以维护国家安全为由将微软诉至联邦地方法院并胜诉。微软不服上诉至联邦第二巡回法院，2016 年，美国联邦法院依据 1986 年《存储通信法案》规定，认定美国政府对本国企业存储于境外的通信数据不具有管辖权。此后，该案又上诉至最高法院，2018 年美国政府紧急出台了《云法案》，结束了双方长达五年的争议。

《云法案》的核心内容包括“攻”“防”两大方面。从“攻”的角度来看，美国用“数据控制者原则”取代数据的存储地作为管辖权的标准，对域外本国互联网企业进行属人管辖，调取本国信息服务商控制并存储在境外的数据。以庞大的全球互联网产业为后盾，《云法案》扩大了美国执法机构调取境外个人数据的权力。从“防”的角度看，美国对别国政府需获取存储于本国境内的数据进行属地管辖。《云法案》规定仅在满足特定条件时才允许特定外国政府直接向服务提供者发出内容数据调取命令，如要求欲获取美国境内数据的外国政府需是“符合资格的外国政府”，并通过与美国签订双边行政协定形式，申请通过网络服务商调取美国的数据。

为构筑以美国为主的数据生态圈，美国致力于将自身数字经济来往密切的盟国纳入《云法案》体系，且已颇见成效。2019 年 10 月，美英签订《为打击严重犯罪而获取电子数据协议》（简称《数据访问协议》），允许两国执法机构向对方索取用户互联网数据。该协议已于 2022 年 10 月正式生效，成为全球第一部专门针对数据跨境取证的国际协议，也是《云法案》体系下第一款正式落地的双边协议。紧接着，2021 年 12 月，美澳签订第二份《云法案》协议，为美澳间数据跨境传输铺平道路。

表面来看，《云法案》规定的数据跨境调取程序呈现双向特征，实际上，一国政府达到美国设定的主观标准绝非易事，其不仅需要是《网络犯罪公约》成员国，还需遵循所谓的人权、自由等西方“普世价值”。此外，美国对他国数据调取与使用的程序、调取个人数据的范围等都有严格的限定。由此可见，美国一边根据《云法案》规定的宽松条件调取域外数据，另一边又以严格的标准限制外国政府享受对等权力，其单边主义倾向暴露无疑。是以，《云法案》的本质在于扩大美国境外数据调取权力，其施行“长臂管辖”及内外不对等的做法则反映了美国的数据强权、违反国际法主权平等的行径，也在一定程度上对他国公民的个人隐私权造成了侵害。这也是《云法案》遭受多国政府和美国互联网企业抵制的原因。

欧盟关于数据管辖权的正式立场主要通过《通用数据保护条例》予以体现。《通用数据保护条例》第 3 条“地域管辖范围”第 2 款规定，对在欧盟境内没有设立分支机构的数据控制者或数据处理者，只要其为欧盟境内的数据主体提供商品或服务（无论是否需要付费），或监测欧盟境内数据主体的行为，均要接受《通用数据保护条例》的管辖。欧盟委员会 2020 年公布的《数字服务法》草案也遵从了上述思路。该草案第 2 条规定，即便在欧盟未设置机构的信息社会服务提供者，如果“将活动针对一个或多个成员国”，也应当被认为是“在联盟提供服务”并接受管辖。该草案第 31 条进而要求，受管辖的特大在线平台为配合欧盟委员会的调查和执法，需要向欧盟委员会提供与其运营等相关的数据。因此，欧盟在数据获取层面实际上采取的也是“数据控制者”标准，在网络空间变相“开疆拓土”。此外，欧盟效仿《云法案》，于 2018 年启动《欧洲议会和欧洲理事会关于刑事犯罪电子证据的调取令和保全令的规定的提案》立法工作，该提案规定了某一欧盟成员国为刑事调查或刑事程序的目的，直接要求位于另一成员国的服务提供者调取电子证据的程序，且无论该电子证据的储存地为何。因此，该提案的规定将产生不啻于美国《云法案》的“长臂管辖”效果。

“长臂管辖”之“守”:《阻断法案》

鉴于“长臂管辖”存在有关数据主权和国家安全的争议，多国纷纷采取立法措施阻断他国对本国的“长臂管辖”，防止本国数据被任意调取。以欧盟为例，为了遏制美国日益严重的“长臂管辖”干涉，欧盟于1996年制定了《免受第三国立法及由此产生行动之域外适用影响的保护法案》(简称《阻断法案》)，以应对美国针对古巴、伊朗、利比亚的制裁，以此保障欧盟的企业和个人利益，免受第三国法律的域外适用。2018年美国退出伊核协议后，为了帮助欧盟企业应对美国制裁伊朗政府，欧盟又重启《阻断法案》，并对其进行更新。2021年，欧盟发布新的报告《欧洲经济和金融体系：促进开放、强度和抗逆力》，宣布进一步修订《阻断法案》。《通用数据保护条例》的第48条也规定，第三国任何法院或法庭裁判及任何行政机关决定，如有要求控制者或处理者转移或披露个人数据者，只有在基于第三国与欧盟或成员国之间生效的国际协议（如司法互助条约）的基础上，且不影响本章所规定的进行转移的其他理由时，才能获得承认或认可执行，由此对第三国法律的域外适用予以适当阻断。

为了阻断外国法律与措施不当域外适用对中国的影响，保障数据安全，维护国家主权、安全和发展利益，2021年，我国出台了《阻断外国法律与措施不当域外适用办法》和系列数据信息安全相关立法。《阻断外国法律与措施不当域外适用办法》第7条规定，工作机制经评估，确认有关外国法律与措施存在不当域外适用情形的，可以决定由国务院商务主管部门发布不得承认、不得执行、不得遵守有关外国法律与措施的禁令。6月，我国通过了《中华人民共和国数据安全法》，其中第36条规定，非经中华人民共和国主管机关批准，境内的组织、个人不得向外国司法或者执法机构提供存储于中华人民共和国境内的数据。8月，我国通过了《中华人民共和国个人信息保护法》，其中第41条也规定，非经中华人民共和国主管机关批准，个人信息处理者不得向外国司法或者执法机构提供存储于中华人民共和国境内的个人信息。上述两部法律均强调了中国对境内数据的排他管辖。

“模版”之争的真与伪

数据作为数字时代的国家基础战略性资源和生产要素，与一国经济社会发展和国家安全息息相关，数据安全也成为各国关注的重要议题。然而，全球网络空间尚处“丛林时代”，数据安全治理亦处于起步阶段，其规则碎片化、诉求多元化的现状意味着建立起全球性的规则体系仍道阻且长。联合国贸易和发展会议发布的《2021 年数字经济报告》对全球数据治理的碎片化特征进行了十分直接的描述："参与数字经济的各大经济和地缘政治主体对数据流动以及更广泛的数字经济的治理模式差异极大，除极个别情况外，在区域和国际层面几乎没有共识可言。"加之，美国出于地缘政治博弈的考量，在数据领域不断针对中国推进"清洁数据"，打造数据"排华圈"，致使未来全球数据流动版图的不确定性和复杂性进一步增加。

美欧数据同盟雏形初现

美欧长期把持制定数字安全领域规则主导权，除美国背靠自身科技实力和数字产业的领先优势外，欧盟在制定区域内的行业高标准及在此过程中重塑全球规则的能力（所谓"布鲁塞尔效应"）也不容小觑。美国在数据治理领域采取"自由主义"或"全球主义"倾向，倡导跨境数据的自由流动，以获取更多国际市场份额。欧盟则对内倡导数据要素在单一市场内部的充分流动，但对外则采取基于人权与主权的"数据保护"导向的治理规则。联合国贸易和发展会议承认美欧数据治理模式在全球的影响力，将美欧的数据治理方针总结为"美国模式强调私营部门对数据的控制，而欧盟则赞成在基本权利和价值观的基础上由个人控制数据"。尽管美欧所主张的数据治理模式重点各有不同，彼此在数据隐私框架存在多年博弈，但二者可谓"殊途同归"，均以形成自己占主导地位的跨境数据自由流动圈为目标，并致力于将其升级成为国际规则模板。

美国不断加大与盟友及伙伴的政策协调，致力于塑造联合一致的数据治理规则。2021 年，美国与欧盟成立贸易和技术委员会，旨在加强美欧协调，主导全球数字经济和技术标准，推广数字治理模式。在跨境数据传输方面，自《隐私盾协议》失效后，美国便孜孜以求构建新的跨大西洋数据传输协议并取得突破性进展。2022 年 3 月，美欧宣布原则上就“跨大西洋数据隐私框架”达成协议，提出跨大西洋数据流动的五大关键原则，包括美国对情报监视活动进行约束、强化审查与监测等，意味着美国积极回应欧盟关切并作出妥协与让步。同年 10 月，美国总统拜登签署《关于加强美国信号情报活动保障的行政命令》，指示美国采取步骤履行欧美数据隐私框架下的有关承诺，以期获取欧盟委员会的充分性认定。欧盟对此高度肯定，并于 12 月 13 日正式启动了《欧盟–美国数据隐私框架充分性决定草案》的推进进程，认为美国确保了对从欧盟转移到美国的个人数据的充分保护。上述新动向表明美欧数据合作再度取得实质性进展，美欧数据同盟也初见雏形，全球数字规则新版图正逐步显现。分析认为，此次美欧数据跨境自由流动协议取得突破性进展，体现出美国希望以美欧数字合作为示范，打造全球数字同盟体系的全盘考量。

全球数据治理的中国智慧

事实上，中国作为负责任的大国也在积极建言献策，努力为推动全球数据安全治理贡献自己的一份力量。2020 年 9 月，时任外长王毅提出《全球数据安全倡议》，倡导共同构建和平、安全、开放、合作、有序的网络空间。2021 年 10 月 30 日，习近平主席在二十国集团领导人峰会上指出：“中国已经提出《全球数据安全倡议》，我们可以共同探讨制定反映各方意愿、尊重各方利益的数字治理国际规则，积极营造开放、公平、公正、非歧视的数字发展环境。”

然而，倡议出台后，外界不乏从冷战思维、集团对抗、零和博弈等狭隘视角出发的曲解之声，认为中国政府意在不断强化自身在数据治理方面的影响力，展示其在数据规则制定方面的竞争力，旨在主导数字时代新的国际规则体系构建。

事实上，中国始终秉持的是“共商、共建、共享”的全球治理观，中国的主张也从来不是“夹带私货”的单边主义，而是对多边主义的积极维护，这在中国的诸多全球性倡议中皆有体现。2021 年 9 月，为应对全球经济挑战，习近平主席在第七十六届联合国大会一般性辩论上首提“全球发展倡议”，强调坚持普惠包容和行动导向，加大发展数字经济等重点领域，构建全球发展命运共同体。2022 年 4 月，习近平主席又在视频出席博鳌亚洲论坛 2022 年年会开幕时提出“全球安全倡议”，呼吁坚持共同、综合、合作、可持续的安全观，坚持遵守联合国宪章宗旨和原则，摒弃冷战思维，反对单边主义，不搞集团政治和阵营对抗等。无论是全球发展倡议还是全球安全倡议，均是中国为解决全球共同关切、构建人类命运共同体、为国际社会提供公共产品的切实举措。

正如国务委员兼外长王毅在全球数据安全倡议发布时提出的，要以秉持多边主义、兼顾安全发展、坚守公平正义作为有效应对数据安全风险挑战的三大原则。其中，秉持多边主义，强调应在各方普遍参与基础上，达成反映各国意愿、尊重各方利益的全球数据安全规则。这体现了我国在数据安全等网络治理议题上秉承实事求是原则且兼容全球公共利益的理念，避免网络空间陷入冷战思维的陷阱。因此，这是中国对全球数据安全治理贡献的中国智慧，所谓“中国意图主导新规则体系构建”无疑是个伪命题。

小结

2019 年 6 月，习近平主席在第二十三届圣彼得堡国际经济论坛全会上的致辞表示：“当今世界正经历百年未有之大变局。新兴市场国家和发展中国家的崛起速度之快前所未有，新一轮科技革命和产业变革带来的新陈代谢和激烈竞争前所未有，全球治理体系与国际形势变化的不适应、不对称前所未有。”可谓掷地有声。作为蓬勃发展的数字经济的关键要素，数据事关各国安全与经济社会发展，在一国获取竞争优势的过程中扮演重要角色。尽管一国的数据战略在整体上会存在一定倾向性，但均需兼顾主权安全、隐私保护、经济发展等多重目标。其中，数据本地化、数据跨境流动、数据“长臂管辖”和数据“模版”之争成为各国竞争与博弈的核心议题，体现了创新发展与安全保护、自由流动与本地化之争。数据的战略资源化趋势与全球数据治理规则的碎片化表明，各国围绕数据展开的权力博弈仍将持续。

参 考 文 献

1 联合国贸易和发展会议:《2021 年数字经济报告(概览)》, 2021 年。

2 《中华人民共和国网络安全法》, 2016 年。

3 《中华人民共和国数据安全法》, 2021 年。

4 洪延青:《"法律战" 旋涡中的执法跨境调取数据:以美国、欧盟和中国为例》,《环球法律评论》2021年第1期。

5 《数字时代 "要塞" 之争硝烟四起》, 载《国际战略与安全形势评估:2022—2023》, 时事出版社 2022 年版。

6 David Reinsel, John Gantz, John Rydning, "The Digitization of the World: from Edge to Core," IDC White Paper, November 2018.

7 Svantesson, D., "Data Localisation Trends and Challenges: Considerations for the Review of the Privacy Guidelines," OECD Digital Economy Papers, No. 301, December 2020.

8 Kaplan J M, Rowshankish K., "Addressing the Impact of Data Localization Regulation in Financial Services," GCIG Paper, No.14, May 2014.

9 Nigel Cory, Luke Dascoli, "How Barriers to Cross-Border Data Flows are Spreading Globally, What They Cost, and How to Address Them," Information Technology and Innovation Foundation, July 2021.

3

第三章 美国的数字霸权

第三章

自20世纪信息技术取得飞跃性发展后，数据已成为人类社会的新型生产要素和重要资源，各国在数据极为富集的时代不断加快数字化的步伐，推动了数字产业化和产业数字化的双向变革，数字经济随即蓬勃发展。美国正是趁着这一关键时期的发展红利，在全球建立了辐射军事、经济、技术、国际政治等多个领域的数字霸权。本章通过探讨美国如何借数据变革的东风在数字化进程中积累实力，将实力转化为国力进而形成数字霸权，又是如何维护和巩固其数字霸权，以解析数字霸权对于世界的深刻影响。

数据放大实力

数据的发展与人类社会的进步密不可分。数据最初是绳结记事、记数这类信息记录与表达，经过不断发展，便成了计算与数理统计分析的重要原料，再经由数学、物理学、天文学等学科的催化，特别是计算机技术的应用普及，蕴藏海量信息的大数据时代已经到来。数据已成为继物质、能源之后人类社会的新型生产要素和战略资源。我们谈论的数据，已不再局限于其本身的信息属性，更涵盖数据背后更广泛的数字基础设施、数字化相关技术与服务等与数据运用相关的生态系统。数据已具备如此丰富而博大的形态，其本身的发展不仅推动了社会的变革，更是直接影响了国与国之间实力的参差。

数据是技术升级的源动力。从数据的发展史来看，在积累、创造和感知数据的过程中，人类不断深入探究数据背后的科学理论。同样，人们对于数据存储、传输、计算和处理的需求也推动了技术的革新。前两次工业革命中的平版印刷、电报机、无线电技术即是满足人类提升数据存储传递效率和流动能力的体现。在第三次工业革命中，自动化的计算机极大满足了人类对于数据计算、处理等不断迭代的需求，生产力随之大大提升，体现出数据需求对于技术的直接拉动作用。因此，无论是技术的底层实现还是革新方向，都离不开人类对于数据本身的求索。数据的发展史，也是人类技术的演进史。

数据是产业赋能的生力军。数据不仅能够增益技术，数据与技术的联动更是从根本上为产业演进赋能。就数据本身的信息属性而言，掌握数据、运用数据是产业发展过程中催生产业形态、积累迭代价值的重要来源。就数据与技术的联动而言，在大数据时代里，社会数据量正以每年 40% 的速度增长，数据资源的庞大与繁杂，催生出能够支撑海量数据存储的硬件设备，以及机器学习、人工智能等盘活庞大数据资源的软技术。这些技术进展连同数据本身，为物联网等多领域智能化产业场景的诞生和落地提供了可能，推动了新一代信息技术与传统制造业深度融合，深刻影响甚至颠覆了各行各业的生产模式、组织方式、业务形态等等。数据及与其联动的技术体系不断为产业赋能，扩展了经济、军事等国家生活方方面面的能力空间。

数据是国家治理的“磨刀石”。数据作为当今社会的重要生产要素，已经深刻融入生产生活的各个方面，随之而来的数据治理问题层出不穷。诸如“脸书 5000 万用户数据被窃取”“互联网平台运用算法操纵选举”“科洛尼尔管道网络攻击”等事件频发，数据泄露、转移、操纵、污染等挑战正在考验一国的治理水平，威胁一国的安全与实力增长。因此，数据也成为国家治理体系中的重要组成部分。如今，各国都在努力增强自身数字领域治理水平，在内求稳定的基础上，更有通过彰显自身治理能力来帮助自身塑造国际关系，争夺数字空间话语权，并在网络空间地缘政治格局获得优势地位的考虑。对于数据的掌控和对数据资源的优势积累是一国实现上述目标的重要抓手，这一过程离不开本国数字产业的发展助力，通过强化数字领域实力地位支撑起治理能力的现实基础。上述做法与推进数字外交、抢占数据规则制定、推广数字领域价值观等共同服务于创造国家治理的内外效益。

综上，从技术与产业角度看，数据是国家软硬实力持续扩张的不竭动力；从助力国家治理的角度看，数据也是一国巩固实力并争取国际主动的重要工具，具有十分重要的战略价值。因此，各国纷纷将主导数字领域变革作为引领社会发展，获得先发优势，厚植实力基础的主要方式。而当我们透视美国在 20 世纪以来相关技术、产业的发展史，也不难发现其深谙此道。

20 世纪中叶，美国成为信息技术产业的摇篮，并在计算机、半导体和互联网技术三大领域取得了瞩目成果，形成了由政府或军方资助，保障订单与经费，并最终由企业、机构引领技术成熟普及与商业化的产业发展模式。这种原始技术积累下的数字优势使得上述三大产业成为美国当时对外贸易的重要组成部分。经济效益、军事与科技增益让美国看到了数字实力的重要性，为美国后续形成数字化战略奠定了先验基础。到了20世纪90年代，美国看到了大力推动基础设施建设和数字技术进步的发展机遇。于是，在原有技术与资本积累，以及国家大力推动下，一系列互联网企业在硅谷诞生和集聚，脸书、苹果、亚马逊、谷歌等数字经济类企业发展迅速，开启了以互联网公司为基础的互联网经济新时代，成为推动美国经济增长的强劲动力。可以说，美国政府的资金支持、战略引导有效服务于技术进步，并在数据资源、基础设施、技术与服务、科研机构与企业等层面积累了绝对的数字化优势，逐渐增益其综合国力，最终推动美国成为“一超多强”格局中绝对的超级大国，这是数据之于国家实力作用的典型案例。

数据放大了美国的实力，而这种实力逐渐撑起美国在世界范围内抢占主导权的野心，这一现实为美国在21世纪的新格局中更新实力、谋求更持久的霸权地位奠定了基础。

以数据谋霸权

霸权本身代表着经济层面的巨大利益、军事能力的绝对优势，以及对国际政治走向和秩序的控制力。20世纪以来，美国在两次世界大战和两轮科技革命中建立起霸权地位。随着信息化时代的到来，世界发生翻天覆地的变化，美国也逐渐将其在数据领域积累起的实力投射到多个关键领域，作为延续其霸权的重要抓手。

其一，以数字经济发展巩固经济霸权。

美国的数字经济产业在 20 世纪 90 年代开启了野蛮、无序但狂热的增长。1992 年的美国面临着内外交困的局面："红色巨人"落幕后"星球大战"等大型科技项目几近停摆，日本和欧洲国家凭借成本优势在传统产业上侵蚀美国利润空间，衰退阴霾笼罩美国。

克林顿竞选美国总统时敏锐地察觉到 21 世纪的美国需要一条新的"道路"，也就是"信息高速公路"。随后，克林顿政府大力支持数字信息产业，推动互联网发展。美国商务部承担了推动

数字经济发展的重任，从 1998 年起连续 13 年发布有关数字经济和数字国家的报告，对信息基础设施、互联网等概念进行了充分探讨，数字经济理念被广泛接受。

美国的数字经济在这一时期走向繁荣，从 1995 年到 1999 年全国劳动生产率较七八十年代翻番，通货膨胀率平均每年下降 30%，数字经济产业增长率达到美国经济增长率 3 倍以上，贡献了 30% 以上的经济增长，信息产业出口年均增长超平均水平 3 个百分点。至 1999 年，美国的数字经济产业从业人数已超过政府雇员数，达到航空、法律等行业从业人数的两倍以上。

这一时期，数据成为新的生产要素投入生产，其易复制、非损耗性的特点改变了传统生产要素稀缺性的限制，打破了传统经济学中边际成本递增的规律，本就享有人才、技术和资金优势的美国企业因而能够迅速扩大规模并形成垄断。美国也在随后的两轮数字化转型中持续布局，为数字经济发展不断注入新的动能，从 2000 年到 2016 年的以“分享、共享、融合”为特征的数字化转型，到 2016 年至今以平台化、智能化为特征的数字化转型，美国不断挖掘数字化潜能，为数字化经济发展寻求源动力，提升其经济效率和创新能力，奠定了美国数十年高质量发展的基础，从而使数字经济成为维持其既有经济霸权的主要抓手。

其二，掌控标准和规则的话语权。

数字化世界中最重要的三个要素是信息、数据和知识，信息是原始资源，数据是信息传递的载体，知识是竞争力的保障。几十年间，美国通过把握平台系统、垄断数据库、利用知识产权保护牢牢把握着这三个要素的产生基础。

首先是把握平台系统。此处的平台不仅仅指网络系统，而是包含三个方面的内容：一是基础设施。互联网由美国发明，全球13个域名根服务器中的10个为美国所有，唯一的主根服务器也被美国掌控，因此，美国在分配互联网协议地址和全球互联网域名上具有绝对的垄断权。2004年美国与利比亚曾就域名管理权发生争执，美国因而停止利比亚“.ly”域名解析，一时之间利比亚从互联网上消失。二是各级平台。在操作系统上，无论是桌面端还是移动端，美国企业均占有90%以上的市场份额；在各类软件上，美国同样领先。全球市值前50的互联网公司中，27家是美国企业。三是电子设备。从计算机的出现到其小型化走入家庭，再到手机及物联网逐渐普及，每一次电子设备革命都由美国完成。普通大众只是平台的用户，平台的管理者才有顶级权限，从这个角度看美国无疑掌握了绝对优势。

其次是垄断数据库。一是有技术基础。算力和算法是决定数据库性能的关键，美国的芯片、服务器、存储设备等硬件实力强横，算力水平极为突出。二是数据来源广泛。通过遍布的卫星系统、对各类平台的管理权限，以及处于垄断地位的数字企业，美国拥有极为丰富的数据来源。全球430个超大规模数据中心中美国占比达 40%，基于庞大的数据存储分析能力，使得美国能够在全世界范围内肆无忌惮地进行数据掠夺。

最后是利用知识产权保护。几十年来，美国一直采取不公平手段打压竞争对手。一是控制技术标准。2005 年中美曾就无线局域网标准开展争斗，美方公司联手向国际标准化组织施压，美国政府亦进行贸易施压，最终，美方标准（Wi-Fi）得到采用，2019 年 5G 标准竞争同样如是。二是滥用专利权。亚马逊公司的“一键下单”专利，将点击购买的动作专利化，充分体现美方一边利用制度漏洞牟利、一边干扰他国创新的“双标”行为。三是反向侵占他国知识产权。美国企业依托其掌握的核心技术，可以迫使他国签订“反授权协议”，免费获得他国专利使用权。

其三，整合数据资源与数字化支持情报活动。

数据化时代美国的情报搜集也脱离人力情报的局限，结构化数据采集、跨部门协同作战、智能化情报分析已成为情报界的新特点。

2003 年后，司法部、国家情报总监办公室等部门出台了一系列情报信息共享战略，大致明确了从数据收集处理到情报成品的生产流程。在共享战略的指导下，美国各州逐步建立起用于信息共享的情报融合中心，各执法部门、私人安全公司等通过此渠道交换情报、集体作业，最大化利用情报资源。

新技术、新方法被用于优化情报工作流程。多元传感器在云计算的支持下能够按照搜情要求自动获取情报。智能图谱分析技术、大数据分析技术以及机器学习技术能够帮助情报人员处理海量数据，并将结果以可视化的方式呈现。人工智能技术使得自动预警、情报自动分发、自动启动应急预案成为现实。

位于硅谷的数据公司 Palantir（帕兰提尔）是美国情报部门的主要合作企业之一，据美国专利技术显示，该公司持有 897 项专利，涵盖网络安全智能检测、多语言分析、智能监视、智能检索等内容。其产品能够自动向美国情报机构描绘情报目标社会关系网络，实时监控目标状态，自动识别关键信息，极大提高情报搜集效率。

情报开源化是数字化带来的另一项显著转变。所谓开源情报指的是从公开渠道获得的情报，媒体、互联网等均可成为情报来源。据估计世界各国收集的情报中，开源比例已达 80% 至 95%。开源情报具有成本低、隐蔽性强、内容丰富的优点，也有数据量大、可信度存疑的问题。只有强大的分析能力才能让公开的信息“说出”隐藏的秘密。俄乌冲突爆发前，美国已利用开源卫星图像、社交媒体上照片、商业数据等信息密切跟踪俄军部署动态，逐日估计集结俄军部队人数。

其四，支撑军队数字化发展与一体化转型。

美国主要军种均已制定明确的数字化转型战略，此处我们主要介绍美国陆军的数字化转型。

一是融合计划，该计划确保美国陆军能够融入联合作战体系，在空中、陆地、海洋、太空和网络空间领域与其他军种快速、持续融合作战。具体而言，该计划专注于培养适应现代化作战模式的军事人才，研发“31+4”种现代化武器装备，搭建能与其他军种兼容的指挥系统，并利用大数据和机器学习辅助指挥官进行战场决策。

二是软件工厂计划，该计划由陆军未来司令部领导，选拔部分现役军人成为学员，与学术界和科技界开展学徒式的密切协作，提高一线作战人员的编程能力及云工程技能。该计划着重解决一线作战人员的实际需求，任何人均能通过该平台提交需求。美军方认为该项目以解决问题和培养人才为导向，能够解决战场上软件承包商和作战部队间的协作难题，提升作战部队应急处突及数据收集能力。

三是新软件保障计划，这一计划的目标在于尽早、尽快检查现有软件漏洞，为软件提供全生命周期的支持和维护。

四是陆军云计划。通过该计划，陆军一方面建立了被称为cARMY的混合云环境，削减既有数据中心，将大量陆军开发的应用程序及数据保存到云端，为战时决策和火力配合提供支持；另一方面组建特遣部队，针对竞争对手的“反介入 / 区域拒止”开展战术边缘云计算实验，验证在被对手切断与主要云联络时，各作战部队之间的相互联系、共享信息与持续作战能力；同时还推出了桌面即服务产品，允许作战部队通过云访问网络，提升作战部队网络连接稳定性。

上述四个方面的数字化进展，使得美军能够更好顺应技术发展趋势，搭建与数字化转型更适配的硬件基础设施，为更具“联合全域作战”特色的建军理念提供有力支撑。

总的来看，从经济发展到标准制定，从情报搜集到军事改革。美国已经在方方面面适应着数据化时代，数据本身也逐渐成为美国霸权巩固与延伸的动力。在此过程中，美国对霸权的追求是一个逐渐演进的过程，从 20 世纪技术萌发到繁荣的商业化，美国实际上首先建立起了新的技术革命后的经济霸权，再通过牢牢把控这些技术本身的关键环节与框架，与经济霸权互动产生数字霸权。而这种数字霸权向军事、情报等领域的投射最终服务于自身国家利益，而霸权本身也不断为同处新历史阶段的其他国家带来深刻影响。

数字霸权的版图

随着数字时代的到来，特别是 21 世纪数字化产业的全球化，为许多国家带来了新的发展机遇。其中，中国在数字技术领域取得较为瞩目的发展成果，在超级计算、高铁、智能电网、第四代核电技术等领域进入世界先进行列；在5G研发和应用场景深度拓展迅速，具有从技术到基础设施等多层面的先发优势；中国的人工智能技术与产业发展迅速，在语音技术领域，中国企业几乎在全语种范畴超越美国企业，人工智能的中国特色生态初步建立，正着力赋能越来越广泛的行业领域；中国的大算力和超级计算也正支撑数字经济蓬勃发展，智慧城市、医疗等产业正逐渐形成规模。这些现实对美国的数字霸权构成直接挑战，使得美国数字霸权之下的控制能力出现了一定松动，引起美国的重视与反思。

美国的战略与政策变化。特朗普政府以来，美国对华整体看法产生变化，美国对巩固数字霸权的反思正是其中的一部分，在美国对华政策转变的大背景下，数字霸权的巩固已经融入美国整体的对华战略竞争之中。具体而言，在特朗普政府时期，2017年底，特朗普政府发布《美国国家安全战略》，指责中国“盗取美国知识产权”，提出要限制“中国在敏感技术领域的并购”。此后，美国不断以维护“国家安全”的名义对中美科技贸易、人员交流、投资等诸多领域采取限制措施，开始奉行对华“脱钩”政策，打压中国优势科技企业发展。与此同时，美国还不遗余力推动自身关键技术发展，在美国国家安全委员会的统筹下，特朗普政府于2020年10月15日更新《关键和新兴技术国家战略》，旨在促进美国国家安全创新基础，保护美国的技术优势。该战略涵盖人工智能、能源、半导体、网络技术等关键数字技术领域，成为美国后续对华技术设限的重要依据之一。

拜登政府上台后，认识到对华科技“脱钩”在短期内难以实现，反而加快了中国的自主创新步伐。在评估反思特朗普对华政策效果后，就战略与政策进行调整。2021 年 3 月，拜登政府在《临时国家安全战略指南》中提出以“竞争、对抗、合作”为主要内容的对华战略。随后，在基本延续特朗普政府相关政策基础上，拜登政府接受了“小院高墙”的对华科技遏压思路。一年后，布林肯于 2022 年 5 月发表对华政策演讲，提出了以“投资、协同、竞争”为主要内容的新对华战略。此后，拜登政府在经过对华试探后进一步认为要在科技领域尽可能相对中国保持领先优势，同时必须依靠盟友伙伴的力量确保发挥政策的有效性。2022 年 2 月，美国白宫又发布新版《关键和新兴技术清单》，扩增了金融技术等五类技术领域。

整体来看，两届政府对中国的数字科技领域限制逐渐向更宽领域延伸、更深层次加码，并在以半导体为代表的关键领域深刻影响全球层面的技术与产业发展。

营建数字霸权版图。特朗普政府以来，美国维护数字霸权的突出做法主要有三类：其一，推行美式数字领域价值观。特朗普政府以来，美国通过“清洁网络”计划、“互联网未来宣言”等，宣扬所谓“民主”价值观，将对手置于“威权”语境下，以此作为“维护国家安全”外的又一遏制打压对手的借口。同时，美国还通过举办所谓“民主峰会”“全球新兴技术峰会”等作为宣传该数字领域价值观的重要平台，并打造美国–欧盟贸易和技术委员会等以该价值观为纽带的双多边机制。此外，美国还着力在国务院建立网络空间和数字政策局，以在外交层面推进“数字自由”。上述行动的主要目的是为让其他国家在数字领域依价值观选边站队，为后续对关键技术、数字经济抢占规则标准话语权做铺垫。

其二，升级出口管制与制裁，打磨维护美国数字霸权下打压对手的工具。美国政府自 2018 年起，在“实体清单”中添加了大量的电子通信、信息安全、互联网等具备广泛产业化应用前景的机构和企业，其中包括华为等在数字领域表现较为强劲的中国企业。2018 年 8 月，美国政府签署《出口管制改革法案》，增列了 14 种不属于《1950 年国防产品法》的新兴和基础技术，涵盖人工智能、量子信息等。此外，美国深化技术出口管制方式的运用，一是限制第三方对华再出口，包括使用“长臂管辖”手段严防美相关技术、设备服务流向中国；二是严控外方投资，禁止中方通过收购或投资美国公司来获关键技术及知识产权；三是协同技术优势国家共同对“卡脖子”技术、设备等设限；四是将出口管制规则扩展至《瓦森纳协定》等国际机制。在此基础上，美国对中国数字领域技术的限制从最初的规模性尝试，逐渐过渡到精准控制、把握关键的阶段。拜登政府在 2022 年先后于 8 月、10

月发布限制对华出口芯片设计软件和制造设备的严苛禁令，公开要求日本、荷兰加入共同限制行列，将半导体行业作为对华围堵的重点。

其三，拉拢盟友伙伴构建“技术遏华联盟”。拜登政府上台后尤其注重协调盟友参与对华科技遏压，将英法加等盟友视为“美国最重要的资产”，会同盟友构建“科技民主联盟”，试图从技术、规则、标准、供应链、市场、监管等多方面围堵中国，并已在信息通信技术、半导体芯片、人工智能等领域组建“下一个G联盟”、美国半导体联盟、人工智能全球合作伙伴组织、跨大西洋人工智能联盟等，并正拓展在量子技术等新兴关键技术领域与多国签订合作协议。此外，美国还通过《芯片与科学法》试图吸引拉拢日本、韩国、中国台湾半导体优势企业在美建厂，助力美国本土半导体制造业发展。

从对数字霸权的合理性包装，即价值观输出从而打造美国数字霸权的合理叙事框架；到打磨维护数字霸权的硬件工具，即出口管制与制裁；再到组建各式模块化联盟，巩固美国数字霸权下的实力基础，美国正加速拼凑数字霸权版图，作为维护其霸权地位的重要支撑。

数字霸权的危害

数据脱胎于虚拟世界，如今已成为美国数字霸权的重要一环，不可避免对全球“现实生活”产生严峻威胁。

数据霸权侵蚀了人权。虚拟世界的参与者同样是鲜活的个人，美国却利用技术优势，毫不掩饰地侵犯数据世界参与者的隐私权。各州政府掌握的个人数据在“国家安全”的名义下被要求向情报部门开放；秘密政府机构直接从不受监管的数据代理人处购买信息，搭建了实施网络攻击的庞大系统；情报机构全面监测进出美国的电话、短信，网络聊天记录、密码、网页浏览记录被肆无忌惮地查阅，美国前情报官员的报告公开承认，联邦调查局仅 2021 年就在没有搜查令的情况下对美国人的电子数据进行了 340 万次搜索。

数据霸权无视国际法律与原则。美国本身就是一个庞大的监听帝国，在维护霸权的绝对需求下，一切道德、规则、法律都化为虚无。数字企业被要求设置后门以满足情报机构提取数据的需要；监听计划全面覆盖美国的英法德等传统盟友，至少 35 名国际政要电话被监听；外交使团不可侵犯原则早已被抛至九霄云外，联合国秘书长同样在监听名单中。美国更是全球最大的网络攻击者，全球半数以上的恶意代码从美国发出。从“棱镜”计划到“梯队”系统，隐私二字早已被美国政府视若无物，国际法普遍原则更是被弃如敝履。

数字霸权成为“乱象”的源头之一。种族歧视、性别歧视、移民等美国社会传统问题，伴随着美国的数字霸权走向世界，仇恨及暴力言论、白人至上的观点在互联网上甚嚣尘上；推荐算法织造的信息茧房极大限制了人们的视野，在加深群体间的对立和偏见的同时消除了相互理解的机会；无良政客利用数据垄断编造虚假信息，迎合极端思潮，煽动选民情绪，谋取政治利益；打着民主自由旗号的暴动者与掌握数字霸权的媒体及政党沆瀣一气，操纵舆论，企图对他国开展“颜色革命”。监控项目下，少数群体所受监视程度更是远高于普通美国公民；宣称“人人平等”的美国依托数字霸权将世界拖入猜疑与斗争的深渊。在这些乱象背后，美国凭借先进技术手段将其监控行为隐于幕后不被发现，更无法被取证，美国对关键供应链环节的掌控使得美国能够精准识别“异己”全方位制裁打压，对意图曝光美国政府不良行为的“解密人”进行着最严密的监视和指控报复。

数字霸权正朝着数字经济垄断延伸。美国的数字霸权与经济霸权及科技霸权相辅相成，强大的经济和科研实力使得美国的创新体系和能力在全球遥遥领先，政府、企业、大学通过用户和市场相互联结，海量的投资和充沛的人才供应使得数字领域的大型科技公司在全球市场竞争上占有绝对性优势。现代数字经济行业具有高固定成本和低边际成本的特点，多存储一单位用户数据带来的成本增加可以忽略不计，这就使数据收集容易产生规模和范围经济，形成关于数据垄断的正向循环。社交平台需要海量用户才能绘制缤纷的世界，科技企业需要收集足够的数据才能挖掘潜在信息。在既有的规则秩序下，数字行业具有明显的“马太效应”特征，呈现弱肉强食、赢者通吃的局面，美国企业凭借其绝对优势，可以轻而易举获得垄断地位。尽管如此，美国仍不断鼓噪提防其他国家在数字经济方面的后发优势，在自身发展完善的数据分级分类管理体系下，对关键数据采取了一系列保护措施，推行数字本地化策略，人为建立数据流动障碍，推动建立数据流动的小圈子，倡导美式“数据自由”价值观，极尽所能阻碍国际数字经济合作，进而维持和推升其原有的垄断地位。

数字霸权阻碍全球创新进程。在科技巨头企业对数据获取、存储、分析、使用全流程的垄断下，突变型创新的门槛越来越高，渐进式创新愈发普遍。以数据存储行业为例，2016 年固态硬盘价格居高不下，三星、海力士等传统存储芯片制造厂商凭借垄断地位限制产能，哄抬闪存价格。然而至 2019 年我国国产闪存芯片问世后，闪存市场价格应声下跌，国际品牌闪存芯片价格降至与国产闪存同等水平。普通消费者通常希望以最低的价格买到最好的产品，价格相同情况下国际品牌闪存质量更可靠、性能更优秀，国产闪存企业缺乏竞争优势只能以更低的价格售卖产品。但国际厂商早年凭借垄断地位早已获得大量收益，对降价并不敏感，国产企业被迫卷入价格战的漩涡，由此产生的低利润使企业研发成本无法得到覆盖，难以投资研发下一代芯片存储技术，长此以往技术便落后于人，甚至不得不因生存难题退出市场，使得技术、市场重新被垄断厂商把控。数字霸权之下，“翻身”已经遥不可及，后发国家在既定技术体系之上的创新阻碍重重。

在推行数字霸权的同时，美国仍极力以“合作”淡化其霸权色彩。然而，这些“合作”往往暗含“美国优先”的条款，表面看是平等，实际上却是对发展中国家的无情利用，以极低的代价使得欠发达国家成为美国的数据殖民地，成为数据资源的“出口国”，丧失对数据的保护和处理权利。南非曾被称为“犯罪天堂”，政府为遏制此现象，近五年引进了大批外国企业为其提供监控技术。南非的街头出现越来越多的摄像头，监控数据却可在未经政府许可的情况下为外国公司使用。一名工程师甚至坦言，南非已经成为测试新人工智能技术的“试验田”。

此外，美国倡导的所谓高标准数据合作，也并不符合发展中国家的实际需要。印太经济框架是拜登政府重返“印太战略”的重要组成部分，由经济、反腐败等四个支柱组成，其中，经济支柱的核心部分就是建立符合美式标准的数字经济圈子。然而被美国视为“最大的民主合作伙伴”的印度却也对这项标准望而却步。印度的数字经济发展相对滞后，担心开发数字经济后导致本国企业缺乏竞争力，因而主张数据本地化管理，不愿让数据为美国控制。

数据霸权势必激起反抗，中国、欧盟等已对美国的数字霸权构成挑战。依托庞大的国内市场，中国已在电子商务、大数据、物联网等方面发展国际竞争力；欧盟也试图通过向美国科技巨头征收“数字税”唤醒“数字主权”意识，保护本土互联网企业的生存空间。随着中美之间在数字经济领域的摩擦分歧不断，中间国家或许被迫选边站队，各国之间或许遵循不同的数据标准，认可不同的治理理念。各国之间的数字经济发展及合作或许将更加难以实现。

小结

美国作为计算机、互联网、半导体等信息技术产业的摇篮，其对于自身产业建设和技术实力的追逐，早已不是二战、冷战等背景下的自强求变，而是在这些实力逐渐增益其综合国力后，建立起影响全球的数字霸权。美国的目标不断调整，进入其视野的第三方，如中国等也成为了挑战其数字霸权地位的对手。美国随之展开新一轮对于巩固数字霸权、主导新的数字领域格局的行动，这些做法令数字霸权对于全球的危害不断涌现，从针对于个人数据的肆意取用，到针对国家行为体的监视、渗透，再到损伤全球创新和数字经济，不断破坏数字治理合作基础。在全球互联的今天，美国对于数字霸权的追求更像是一场没有赢家的游戏，各国也必然会因受制于霸权而有所思考和抗争。这也充分表明，全球更加需要塑造基于合作逻辑下的数字领域新格局，让技术回归技术，产业回归产业，实力回归实力，进而更好服务于全人类和平发展的需要。

参 考 文 献

1 刘皓琰:《数字帝国主义是如何进行掠夺的?》,《马克思主义研究》2020年第11期。

2 "Largest internet companies by market cap," https://companiesmarketcap.com/internet/largest-internet-companies-by-market-cap/.

3 邵雷、石峰:《美国情报部门处理海量数据的方法路径研究》,《情报杂志》2022年第5期。

4 U.S. Army Chief Information Officer, "Army Digital Transformation Strategy," https://www.army.mil/standto/archive/2021/11/19/.

5 "South Africa's Private Surveillance Machine Is Fueling a Digital Apartheid," https://pulitzercenter.org/stories/south-africas-private-surveillance-machine-fueling-digital-apartheid.

第四章 欧盟的数字主权

第四章

21 世纪的第二个十年被称为第四次工业革命飞速发展的“数字十年”，以 5G、云计算、人工智能等为代表的数字技术是本次革命的核心动力，而数据则是支撑其发展的必需燃料，也已成为 21 世纪人类生活与科技发展不可或缺的“空气”。每次工业革命都对世界格局进行“重新洗牌”，抢占“数字先机”已成为当下各国思考的核心问题。作为全球数字经济重要主体之一的欧盟正逐渐意识到，在这场“数字竞赛”中，其不仅被先发者美国“甩在身后”，而且相对中国等新兴经济体的优势也在逐渐缩小。因此，通过“数字化转型”提升国际竞争力、实现“数字主权”便成为欧盟当前的重要目标。与此同时，欧洲长达几个世纪以来根深蒂固的公民隐私保护观和浓厚的个人信息保护色彩也无时无刻不在影响着欧盟的跨境数据流动规则制定及国际数据竞争立场。可以说，欧盟已经成为当前国际上数据领域最具代表性的行为体之一。

重视安全关切

欧洲注重隐私权的历史渊源

欧盟浓厚的个人信息保护观念与其历史上特有的人权观念息息相关。从古至今，欧盟一直重视并强调对人权的保护。近代欧洲社会等级观念浓厚，个人隐私权是一种皇室贵族的特权，受到法律保护。此时，身处社会底层的普通民众往往不享有人格尊严。直到两次工业革命兴起，欧洲社会阶层流动加剧，资本家和工人阶级对人格尊严的呼声渐强。二战时期，德国开始保护底层人民的人格尊严，对当时固有的等级观念产生了巨大的冲击。二战结束后，随着对纳粹德国的反思，对于普通人的人权保护观念开始深入人心。1950 年欧洲理事会成员国签署《欧洲人权公约》，标志着人权正式成为欧洲地区公民的普遍性和有效性权利。《欧洲人权公约》强调要维护和进一步实现人权和基本自由，并且设立欧洲人权法院作为保证各缔约国履行人权保护义务的永久性运作机构。

20 世纪后期，计算机技术及互联网开始发展。其中，在数据处理及流动中产生的个人数据通常记载着各种信息，与个人隐私密切相关。欧盟将公民个人隐私权视为人权的重要组成部分，因此个人数据隐私权自然也受到欧洲人的重视和大力保护。加之欧洲是计算机信息技术最先发展的地区之一，因此也就格外重视对个人数据的立法保护。1981 年欧洲理事会便出台了《有关个人数据自动化处理的个人保护公约》，要求对个人数据进行自动化处理时应尊重信息主体的隐私权，并对个人数据跨境流动作出初步规定。2000 年《欧盟基本权利宪章》将个人数据权纳入，自此个人数据权被欧盟上升为基本人权进行保护。2009 年《里斯本条约》生效标志着个人数据权正式成为欧盟成员国的宪法性权利。1995 年，为实现在保护个人数据隐私权基础上促进成员国间的跨境数据自由流动，欧盟出台了《数据保护指令》，进一步完善了个人数据在欧盟的处理和传输机制，确立了个人数据处理的一般原则。之后，随着数字经济的发展，跨国界的数据流动越来越频繁，欧盟境内数据也开始越来越多地向外流出，仅对欧盟境内进行立法规制已经难以满足欧盟公民对个人信息保护及欧盟整体的数据安全保护需要。基于此，为了适应新的数字发展需要，2016 年欧盟推出了《通用数据保护条例》，并于 2018 年正式生效。《通用数据保护条例》作为在数据领域一部领先的综合性法律，通过赋予数据主体具体权利的方式第一次系统地将抽象的数据保护权具体化，扩大了数据主体的个人权利，对原有的管辖制度作出重大调整，完善和发展了跨境数据流动审查机制，最终形成了欧盟特有的个人信息数据跨境流动规则机制，标志着欧盟正式建立了一部数据保护的严格的法律实施体系。

从“安全港”到“隐私盾”

随着全球化及数字贸易发展，跨境数据流动中的个人隐私保护问题成为欧盟重要安全关切。跨境数据流动指信息通过计算机服务器在不同国家间跨境移动或传输，对国际贸易至关重要。众所周知，美国与欧盟间经贸及投资关系非常密切，跨境数据流动量更是居世界首位。据统计，美欧商品和服务贸易总额每年保持在 1 万亿美元以上，2020 年美欧信息通信技术服务贸易量超 2640 亿美元。其中，美国对欧盟保持着相对较大的数字贸易顺差，欧洲五大电子商务零售商中就有亚马逊和苹果两家美国公司，这就决定了美欧跨境数据绝大多数是由欧盟流向美国。尽管美欧具有类似的民主价值观，但二者在数据保护上的差异，特别是欧盟特有的隐私保护观念对美欧跨境数据流动及贸易产生了巨大影响。

美国和欧盟对数据隐私保护采取不同模式和标准。如上所述，欧盟强调对个人数据隐私的保护，将通信隐私和个人数据保护视为公民基本权利，进行统一立法。而美国则在跨境数据流动问题上将经济及技术发展利益置于首位，重数据自由流动，轻政府监管，并谋求将数据自由流动规则及观念推广至全球，以期实现借由自己强大的全球互联网巨头的海外“触角”最大化攫取海外数据，促进全球数据流向美国的目的。基于这样的考虑，美国在数据安全监管上没有统一立法，而是采用不同行业分别立法的方法，只针对医疗健康、金融等特定行业制定规定。美欧这样不同的数据观念及监管模式决定了跨大西洋跨境数据流动注定“一波三折”。

1995 年欧盟《数据保护指令》生效，规定禁止将个人数据传输到未提供“充分保护”的第三国。之后，雅虎、谷歌等互联网公司相继成立，美国互联网产业迎来快速发展。由于互联网产品和服务超越国界，跨境收集、转移、处理个人数据成为一个必然趋势。然而，由于美国个人数据保护机制整体未能达到欧盟要求，为防止数据流动受阻，美国与欧盟开始就《安全港协议》进行谈判，2000 年双方达成《安全港协议》，欧盟委员会在此基础上做出“安全港决定”，认定美国可以为欧盟公民数据提供充分保护，允许美国从欧盟传输个人数据。根据《安全港协议》，美国企业需要接受商务部年度审查以证明其遵守相关隐私原则及其他满足欧盟充分保护的条件。这大大便利了双边个人数据流动——只要美国企业加入安全港，并公开承诺遵守安全港的要求，就可以将欧盟公民个人信息转移到美国境内进行处理。美国互联网企业，尤其是不少中小企业从中受惠。

但“好景不长”。2013 年美国被曝进行大规模监控的“棱镜门”事件，给欧美双方在个人数据方面的信任关系打上了重大的问号。2013年6月，美国中央情报局前雇员、国家安全局前技术员爱德华·斯诺登将美国国家安全局关于“棱镜”计划的秘密信息披露给英国《卫报》和美国《华盛顿邮报》，揭露了美国政府利用庞大的监视机器侵犯个人隐私、互联网自由和世界各地人们基本自由的行为。“棱镜门”事件挑动了具有强烈个人隐私保护意识的欧洲公民的神经——不久后，奥地利公民马克西米利安·施雷姆斯向爱尔兰数据保护监管机构提出申诉，要求禁止脸书爱尔兰公司将用户个人数据传输至美国总部。欧盟法院最终认为，欧盟委员会在发布《安全港协议》前并未对美国相关法律及国际承诺做出充分审查。在美国，国家安全、公共利益和执法要求凌驾于“安全港原则”之上，因此，美国企业可以忽视《安全港协议》规定，美国无法为欧盟个人数据提供充分保护。基于此，2015年10月，欧盟法院一纸判决书判定《安全港协议》无效（Schrems I 判决），数千美国企业跨大西洋转移欧盟公民个人数据失去庇护。

为了修复信任并应对《安全港协议》失效后美欧数据流动阻碍，美欧开始就达成新的数据流动协议进行磋商。2016年2月，双方宣布达成新的《隐私盾协议》的意向。相比于《安全港协议》，《隐私盾协议》对美国企业提出更多要求，并且赋予欧盟公民更强的救济权利——美国政府向欧盟委员会作出书面承诺保证对其数据访问行为加以限制，并设立“隐私盾监察员”，由国务院负责经济、能源和环境的副国务卿担任，负责处理欧盟公民对美国国家安全部门对其个人数据访问的投诉。并规定任何一位认为其数据被滥用的欧盟公民都可以向企业或欧盟数据保护机构申诉，并可以通过免费替代争议解决机制获得救济。2016 年，欧盟委员会对《隐私盾协议》做出充分性决定，认定《隐私盾协议》具有有效性，表示该协议能够使“美国对数据被转移者的基本权利的任何干涉……将被限制在达到合法目标所必需的严格范围内，且美国政府将会对这种干涉提供法律保护”。2016 年 8 月 1 日《隐私盾协议》正式实施。

然而《隐私盾协议》也难逃与《安全港协议》一样的命运。2015 年 Schrems I 判决后，脸书爱尔兰公司表示将使用《通用数据保护条例》规定的“标准合同条款”进行数据跨境传输。施雷

姆斯再次向爱尔兰数据保护监管机构提出申诉，认为脸书即使根据“标准合同条款”向美国总部传输欧盟的个人数据也无法确保这些数据得到充分保护。欧盟法院也最终判定《隐私盾协议》并不是将个人数据从欧盟转移到美国的有效机制，“标准合同条款”虽具有合法性但美国未能提供实质上等同于欧盟的保护水平。这其中的原因在于欧盟将个人数据保护作为一项基本人权，因此其认为不仅商用场景下的数据保护非常重要，数据接收者所在国或地区对公权力部门从接收者调取数据采取足够的限制更是至关重要。而欧盟法院始终认为美国将国家安全、公共利益和执法要求放在首位，纵容企业及机构访问或干涉转移到美国的个人数据，美国国内法对公权力调取数据的限制不足，因此美国无法对跨境数据提供与欧盟“实质等同”的保护水平。虽然《隐私盾协议》规定了美国当局在实施有关监控方案时必须遵守的要求，但这些条款并未赋予数据主体在法院针对美国当局提起诉讼的权利。欧盟法院进一步认为美国企业即使加入《隐私盾协议》，也无法摆脱这些美国法的约束。故《隐私盾协议》无法为欧盟转移到美国的个人数据提供充分保护。因此判定美欧《隐私盾协议》无效（Schrems II 判决）。

新一轮谈判与美国的让步

之后，为推进达成新的跨境数据流动协议，填补《隐私盾协议》失效后美欧跨境数据流动协议空白，美国开始与欧盟新一轮谈判。在双方于美国商务部长吉娜·雷蒙多和欧盟司法专员迪迪埃·雷恩代尔牵头下进行的一年谈判后，2022 年 3 月 25 日，双方宣布达成“跨大西洋数据隐私框架”原则性协议。欧洲数据保护委员会 4 月 6 日对该框架予以通过，欧洲数据保护委员会对美国承诺采取“前所未有的”措施保护欧洲个人隐私和数据表示肯定，并表示将仔细评估新版框架，特别是如何确保出于国家安全目的收集个人数据仅限于必要且相称范围内，检查新的独立补救机制能否确保欧洲个人权利获得有效补救和公正审判，将研究是否有任何新的机构可以访问个人数据并可以对情报部门做出有约束力决定。框架达成之后，施雷姆斯致信欧盟司法专员、美国商务部长、欧洲数据保护委员会主席和欧洲议会公民自由委员会主席，对框架发表看法。认为美国行政命令“在结构上不足以满足欧洲法院的要求”，并警告框架可能与“安全港”和“隐私盾”协议有同样的命运。呼吁框架谈判者努力为跨大西洋数据流动寻找一个长期的保护隐私的解决方案以避免出现“Schrems III”的情况。

2022 年 10 月 7 日，拜登签署《关于加强美国信号情报活动保障的行政令》，为信号情报收集建立隐私保障措施，以作为将“跨大西洋数据隐私框架”转化为跨大西洋数据流动的实质协议，旨在为达成美欧数据跨境流动充分性协定提供法律基础。美国商务部长吉娜·雷蒙多表示行政命令“是我们共同努力恢复跨大西洋数据流的信任和稳定的结果”，“将确保欧盟个人数据的隐私”。这一行政命令体现了美国对欧盟个人隐私关切的回应所做出的信号情报活动约束，具体包括四大内容：第一，增强对信号情报搜集活动的保障。包括要求此类活动仅在追求明确的国家安全目标时进行；应考虑所有人的隐私和公民自由，无论其国籍或居住国如何；美国情报机构应对现有政策和程序进行相应审查和更新等。第二，加强对个人信息处理的隐私保障，规定数据访问应遵循最小化原则；对数据安全和访问提供适当保护并防止未经授权人员访问；在情报机构现有监督机制基础上进一步严格监督等。第三，建立双重补救措施。一是欧盟个人可就美国信号情报活动对国家情报总监办公室公民自由保护官提起诉讼，公民自由保护官对投诉进行审查调查；二是建立专门数据保护审查法院处理针对美国国家安全机构访问欧盟人员数据的投诉，数据保护审查法院有权从情报机构调取调查信息。第四，建立审查机制。美国隐私和公民自由监督委员会对情报机构的政策和程序进行审查，确保其符合该行政令要求；对补救措施进行年度审查。

这一行政令的颁布受到了欧盟的欢迎与认可，并自此推动了欧盟委员会对美国充分性决定的进程。欧盟时间 2022 年 12 月 13 日，欧盟委员会发布了《关于欧盟–美国数据隐私框架的充分性决定（草案）》。之后，该草案将转交至欧洲数据保护委员会征求意见并获得由欧盟成员国代表组成的委员会的通过及欧洲议会的审查通过。在这之后，欧盟委员会将通过最终的充分性决定，允许数据在欧盟和美国商务部认证的公司之间自由和安全地流动。

争取战略自主

追求“数字主权”

第四次工业革命近年来已经成为国际热议的话题。世界经济论坛创始人、经济学家克劳斯·施瓦布在其所著《第四次工业革命》一书中对第四次工业革命作出定义，认为其始于 21 世纪初，核心是互联网的普及、移动互联的增加、传感器的迭代以及人工智能和机器学习的日渐发展。相比于前三次工业革命，第四次工业革命的特别之处在于以所谓的“颠覆性技术革命”为核心。数字化、网络化、智能化等是第四次工业革命的标志，以 5G、云计算、工业互联网等为代表的数字技术是这次革命的核心动力，而数据则是这些“颠覆性技术革命”的原料与基石。

纵观历史，每一次工业革命都对世界格局进行“重新洗牌”。工业革命中率先抓住机会的国家得以迅速崛起，并在新的世界秩序中占据主导地位。当前，数字化作为第四次工业革命的主要标识，决定了未来各国地位和世界格局变化。因此，一国对数据的掌握以及对数字技术的发展与应用决定了其经济结构及增速、科技发展实力以及在全球产业链中的位置。

在这场“数字竞赛”中，欧盟意识到其正在逐渐落后。美国多年来已借其先发优势及互联网巨头牢牢占据全球互联网产业链的顶端，并通过大型科技公司拥有了全球相当多的数据。中国也正在依靠后发优势培育互联网产业优势，并在部分数字领域掌握了一批自主尖端技术。欧盟正在逐渐意识到，在这场第四次工业革命的“数字竞赛”中，欧盟不仅被美国甩在身后，而且相对中国等新兴经济体的优势也在逐渐缩小。与中美相比，欧盟在数字经济市场占比较少、科技创新速度较慢。欧盟也因此愈发担心其公民、企业和成员国失去对数据、创新力和执法能力的控制力和竞争力。同时，在中美战略竞争的背景下，欧盟在数字领域的相对落后不仅限制了其战略自主性空间，也增加了其数字资源的安全风险。与此同时，在抗击新冠疫情中，数字科技对保障社会、企业和行政部门稳定运转发挥的巨大作用，加快了欧盟对数字技术主权需求的再思考。

在数字领域的国际格局发生深刻变化，欧盟对数字领域的安全、发展和权力诉求日益迫切的背景下，通过“数字化转型”提升国际竞争力、实现战略自主便成为欧盟当前的重要目标。为此，欧盟在近年来陆续推出了《欧洲数据战略》《欧洲数字主权》《2030 数字罗盘》计划等一系列以追求数字主权为旗号的数字化转型战略和政策文件。其中，2020 年 7 月欧洲议会发布的《欧洲数字主权》报告称数字主权是促进欧洲在数字领域提升领导力和捍卫其战略自主的途径，是欧洲在数字世界中自主行动的能力，是一种为应对非欧盟科技企业对欧盟数据安全及科技发展威胁，旨在促进数字创新的保护性机制和防御性工具。2020 年 2 月欧盟委员会发布的《欧洲数据战略》提出要将欧盟构建成世界上最具吸引力、最安全、最具活力的数字经济体，要根据欧洲的价值观、基本权利和规则进行数据治理，并确保数据可以在欧盟内部及各部门间流动以释放数据潜力，服务欧盟单一数字市场。欧盟委员会主席乌尔苏拉·冯德莱恩也表示数字政策是其 2019—2024 年任期内的优先事项之一，称欧洲必须在关键领域实现数字主权。

有学者提出，数字主权的概念出现在欧盟官方话语体系中，既体现了欧盟近年来频频提及的“战略自主”和“欧洲主权”等思想在数字领域的延伸，也是一直以来欧盟在数字领域尤其是网络空间主权诉求的概念化，是欧盟政治家为在日益激烈的地缘政治竞争中保持自身行动能力而提出的更为灵活的概念工具和话语体系，旨在强化欧盟在数字领域的决策能力、政策执行力和国际影响力。

抢占技术创新先机

欧盟政策制定者认为在当前抢占前沿科技发展先机是关键，欧洲对外国技术的潜在依赖已经是一种风险。《欧洲数据战略》

指出在过去几年中，数字技术已经改变了经济和社会，影响了所有活动领域和欧洲人的生活。而数据是推动这一转变的关键，未来还将带来更多改变。数据驱动型创新将为欧洲公民带来巨大利益。欧洲非个人产业数据和公共数据的数量不断增加，结合数据存储和处理方式的技术变化，将构成发展和创新的潜在来源。当前全球数据量迅速增长，预计在 2025 年会从 2018 年的 33 兆字节增加至 175 兆字节。每一轮新的数据增长都将为欧盟在该领域的领导地位创造巨大机遇。此外，在未来 5 年，数据的存储和处理方式也会发生天翻地覆的变化。现在 80% 的数据处理和分析都在数据中心和集中式计算设施中进行，20% 在汽车、家用电器、工业机器人等智能连接设备中产生和进行，而到 2025 年这一比例将会发生逆转。未来，工业、专业应用、公共服务以及生活中的物联网应用将会贡献相当大一部分的数据量，欧盟在这些领域都拥有优势。数据是技术变革的关键，在未来几十年的数字技术竞争中，竞争力的来源已经确定，欧盟应采取行动抓机遇。

欧盟重视以人工智能为代表的前沿领域科技创新。欧盟委员会于 2020 年 2 月发布《欧洲人工智能白皮书》(简称《白皮书》)，对欧盟在人工智能领域的发展前景作出了规划。《白皮书》指出，欧洲拥有成为可安全应用的人工智能系统世界领导者所需的货币现金研发中心、安全的数据系统、发达的机器人产业，以及具有竞争力的汽车、能源、医药卫生及农业等多个行业。此外，《白皮书》还为欧盟人工智能发展设计了“可信赖人工智能”整体框架，提出为建立发达并可信的人工智能产业创造更好的政策环境。具体措施包括促进公共及私营部门合作，调动并整合价值链各个环节资源，制定激励措施，增强成员国间研究合作，吸引科技人才等。同时《白皮书》也特别强调，鉴于人工智能系统的复杂性及其潜在的风险，提升人工智能应用的可靠性至关重要。欧盟希望通过制定更加严格的规范，特别要在消费者保护、防止不公平商业竞争、保护个人数据等方面加强立法和管理，最大限度减小人工智能应用风险。欧盟也继续在消费者保护方面采用严格规则，应对不公平的商业行为，保护个人数据和隐私。对于高风险领域，如卫生、警务或运输领域，人工智能系统应透明和可追溯，并确保尊重公民的基本权利。面部识别技术只能在有正当理由的特殊情况下使用，需以欧盟或国家法律为依据。

同时，欧盟也认为其在当前参与全球新兴技术创新竞争中还存在一些不足。如在人工智能领域私营投资方面，欧盟落后于美国和中国，企业和大众对人工智能的适用能力尚不足，人才储备和专利申请与美国相比也有一定差距。此外，中美在量子计算方面也保持领先地位，而欧洲在区块链和物联网方面的投资水平也相对较低。为了补足短板，欧盟采取了一系列措施。如 2013 年，欧盟委员会启动了“欧洲 2020”战略，并于同年在全面整合欧盟科技计划的基础上形成了欧盟“地平线 2020”计划，作为“欧洲 2020”战略的主要操作工具。“地平线 2020”计划几乎囊括了欧盟所有科研项目，分为基础研究、应用技术和应对人类面临的共同挑战三大部分，其主要目的是整合欧盟各国的科研资源，提高科研效率，促进科技创新，通过“地平线 2020”计划，欧盟 7 年内将投资接近 800 亿欧元的公共基金用于关键数字技术的研发和创新。此外，欧盟委员会和欧洲信息通信技术行业（通信设备制造商、电信运营商、服务提供商、中小企业和研究机构）联合发起“5G 基础设施公私合作伙伴关系”倡议，旨在为下一代通信基础设施提供解决方案、架构、技术和标准，确保欧洲在智慧城市、电子医疗、智能交通、电子教育等有潜力的新市场占据领先地位，并促进欧洲有竞争力的量子产业、人工智能和区块链等领域的发展，提升欧盟在新一轮技术革命中的竞争力和领导力。

数字经济“雄心”

欧盟预计，2025 年全球新数字技术市场将达到 2.2 万亿欧元，欧洲的主要经济增长潜力将来源于数字市场。数据是数字经济发展的命脉。《欧洲数据战略》提出要将欧盟构建成为全球最具吸引力、最安全、最有活力的数字经济体，数字化的欧洲应当反映出欧洲最好的状态——开放、公平、多样化、民主和自信，并将“发展公平且具有竞争力的数字经济”作为欧盟未来五年三大目标之一。欧盟提出，2025 年通过《欧洲数据战略》的实施，欧盟数字经济总量有望从 2018 年的 30100 亿欧元（占当年 GDP 的 2.4%）增长到 82900 亿欧元（占当年 GDP 的 5.8%）。数据专业人员将从 2018 年的 570 万人增长为 1090 万人，欧洲具备基础数据技能的人口占总人口百分比从 2018 年的 57% 增长到 65%，至少培养 50 万名信息技术领域专家；互联网技术及应用方面，要实现欧盟所有家庭网速至少提升至 100M/s，并保证企业、学校、医院及其他公共机构实现更高网速；欧盟居民网络基础知识普及率达到 70%，相较目前提升 13 个百分点；通过信息技术和数字化降低 10% 温室气体排放，并创建零排放的环保型数据中心及信息通信基础设施，大力扶植相关技术企业。

《欧洲数据战略》的目标是确保其成为数据社会的榜样和数字经济的领导者。其中关键一点是要建立欧盟统一的数字市场，并且要在单一市场中增加对数据以及基于数据的产品和服务的使用和需求，确保数据跨部门自由流动。对此，欧盟委员会称，首先是要建立数据治理框架，确保对企业之间、企业与政府之间以及政府内部数据的正确监管，鼓励数据共享，建立实用、公平和明确的数据访问及使用规则，要在数据保护、基本权利安全和网络安全方面建立强大的法律体系，以及其与各种规模、不同行业基础的公司合作的内部市场。其次是要支持技术系统建设和下一代基础设施发展，促进"欧洲高影响力项目"投资，并且启动制造、绿色协议、交通和健康等特定领域的行动，建立欧洲数据空间。最后是要加强欧盟在数字经济中的领导作用，一方面要协调连通性、数据处理和存储、计算能力和网络安全等问题；另一方面要改善处理数据利用能力，增加可供使用的数据池质量。冯德莱恩指出，欧盟正致力于塑造涵盖网络安全、关键基础设施、数字化教育等多个方面的数字化未来。她还表示，希望帮助德国和欧洲初创企业获得同美国硅谷企业一样的成长和融资机会。为此，欧盟要进一步消除在数字化领域的内部市场壁垒，在欧盟层面整合资源，特别是要加强量子计算机和人工智能领域的研发及应用。

强调制度权力

《通用数据保护条例》

在政策层面，为实现“数字主权”，欧盟重视对制度层面规范性权力的构建，即对外确保“根据自己的价值观及规则作出自己的选择”，不断谋求提升欧盟制定和影响国际技术标准和数据流动规则的能力。在此背景下，欧盟通过率先完善基于个人权利保护的监管和规则体系并打造其制度的国际影响力来塑造符合欧洲价值观及强调个人权利的国际数据规则。具体而言，欧盟通过

《通用数据保护条例》订立严格的数据流动标准，筑高数据壁垒，抬高欧盟数据流出的门槛，以最大程度地保护欧盟个人隐私权。欧盟在数据和隐私保护方面采用了一个非常严格的框架，以《通用数据保护条例》为中心，加强个人对自己数据的控制。《通用数据保护条例》也具有相当的国际影响力，已经被许多国家纳入本国立法，一些跨国企业也采用《通用数据保护条例》作为其全球业务标准。

欧盟在《通用数据保护条例》中规定了十分严格的数据跨境传输标准，并为跨境数据传输规定了三种情形。第一种是充分性认定，即当第三国或国际组织对欧盟个人数据保护水平等同于欧盟内部保护水平时，由欧盟委员会通过“充分性认定”，认定该国已达到充分保护标准，允许将欧盟公民的数据传输给该国，即“白名单”。欧盟委员会在进行评估时要考虑三方面的因素：一是数据输入地的法治、对人权和基本自由的尊重、一般和部门性立法的完善程度；二是输入地国内（国际组织成员国内）是否存在独立有效的监督机构，以保障数据保护规则的执行；三是输入地已完成做出国际承诺，加入国际条约、公约或多边制度等在个人数据保护方面的国际义务。另外，《通用数据保护条例》还规定对于已通过“充分性认定”的国家或国际组织，至少以四年为一个周期进行审查，当审查发现其不能再确保足够的保护级别时，要撤销、修订或终止该认定。

第二种是适当保障措施。没有获得“充分性认定”的国家或地区，数据控制者或处理者如果可以提供适当保障措施，且满足数据主体能行使权力、获得有效法律救济的条件时，可以将个人数据传输至该地。《通用数据保护条例》规定的适当保障措施包括：“约束性公司规则”（Binding Corporate Rules，BCR），即在欧盟设立总部或分支机构的跨国公司，由跨国公司自行拟定数据传输和保护规则，经欧盟成员国数据监管机构审核批准后生效，但存在适用范围有限、实施成本高等弊端。“标准合同条款”（Standard Contractual Clause，SCC），要求接收数据的组织遵守欧盟同等的数据保护标准，即使国内立法中没有这些标准。数据传输双方采用欧盟标准合并条款，将《通用数据保护条例》规定的义务转化为合并义务和责任，确保对数据主体权利的保护。2021年6月欧盟委员会公布了两套新的标准合并文本，一是将个人数据从欧盟转移到第三国的新SCC，二是适用于欧盟境内的控制者与处理者之间的SCC。根据欧洲贸易协会研究显示，SCC是使用最广泛的数据传输机制，有70%的中小企业使用。“行为准则”（Codes of Conduct，COC），即数据控制者和处理者做出具有约束力和可强制执行的承诺，承诺遵守经批准的行为准则，则欧盟数据可以传输至该国。“认证机制”，即欧盟通过实施性法令来确定认证机制、印章或标识，成员国监管机构通过认可的认证机构签发数据保护认证。数据控制者和处理者自愿申请认证，得到批准后，可使用印章或标识证明其数据活动符合欧盟规定并可以进行跨境数据传输。

第三种是法定例外情形。即如果国家没有达到欧盟数据保护水平，且未提供适当保障措施时，《通用数据保护条例》规定了数据跨境传输的法定例外情形：数据主体同意、履行合并义务、保护重要公共利益、保护数据主体及他人重大利益、行使或抗辩法定请求权、公共注册登记机构数据传输等。

据统计，在《通用数据保护条例》生效一年时间内，在28个欧盟国家中已有12个国家正式更新了其国内法，将《通用数据保护条例》嵌入其中。实施以来，欧盟《通用数据保护条例》影响力更是不断向欧盟境外拓展，巴西、印度、南非、印度尼西亚等国家均在国内数据监管立法中借鉴了《通用数据保护条例》的做法。如就巴西而言，2018年8月巴西总统就签署了《巴西通用数据保护法》以完善本国数据保护制度并证明其在欧盟数据传输标准下的“充分性”。就内容而言，《巴西通用数据保护法》与欧盟《通用数据保护条例》存在诸多相似规定，甚至有学者认为，《巴西通用数据保护法》很大程度上是《通用数据保护条例》的“镜像”，如《巴西通用数据保护法》同样对个人数据的跨境转移进行了限制，明确了将充分性认定和标准合同条款作为允许跨境传输的条件，《巴西通用数据保护法》的推出也使得当时的巴西成为少数几个提供与欧盟类似的数据隐私保护的国家之一。

“长臂管辖”式的执法数据调取

欧盟认为，出于打击恐怖主义、网络犯罪和跨国犯罪需要，在欧盟建立一种跨国获取电子证据的工具是一个紧迫的问题。在执法和司法方面的数据跨境调取问题上，欧盟于 2018 年 4 月，也就是美国《云法案》生效后不足一个月，就提出了《欧洲议会和欧洲理事会关于刑事犯罪电子证据的调取令和保全令的规定的提案》(简称《提案》)，旨在创建使欧盟司法机构能够更快速、轻松地获取电子证据新规则，被国际社会视为欧盟版《云法案》立法计划。在谈及立法缘由时，除了“执法部门要比犯罪分子更快”的客观需求外，欧盟最高司法官员也表示，希望借此增加欧盟筹码，“必须与美国当局达成互惠”。

从内容看，《提案》规定了某一欧盟成员国为刑事调查或刑事程序的目的，直接要求位于另一成员国的服务提供者调取电子证据的程序，无论该电子证据的储存地为何。《提案》沿用并确认欧盟既往法院判决和对《通用数据保护条例》的理解。《提案》规定只要是涉及欧盟的最低三年监禁刑罚的犯罪行为侦查，执法机构就可以调取任何国家公民的个人数据；而所有面向欧盟市场的服务提供者均应当配合执法机构的数据调取命令。具体到存储在境外的数据调取，只要发出调取证据命令的司法机关对刑事侦查具有管辖权限，并且服务提供者确实向欧盟居民提供服务（无论是否在欧盟境内设立了分支机构），便应当向发布命令的成员国提供相应数据。对于法律冲突问题，欧盟采取与《云法案》类似的态度，允许服务提供者提出撤销调取命令的动议，由成员国法院作出礼让分析。

总体而言，从数据获取标准方面来看，欧盟基本认同数据控制者标准，但针对数据控制者不在欧盟境内的情形采取了两类措施：一是境外数据控制者有意识地针对欧盟提供服务，即应接受欧盟管辖；二是对数据控制者及其分支机构做紧密联系，如欧盟境内分支机构相关活动场景能够囊括发生在境外的数据处理，则境外真正进行数据处理的控制者也应接受欧盟管辖。由此，欧盟在网络空间中变相地延伸了自己的领土。而欧盟在网络空间中领土有多大，对领土形式的主权覆盖就有多大。

国际经贸协定谈判中的立场

欧盟在世界贸易组织电子商务谈判中采取禁止数据本地化以及支持数据流动的立场，并以此立场开展与印度尼西亚、日本等国家的贸易协定谈判。根据欧盟在世界贸易组织的谈判文本，欧盟首先禁止数据本地化，指出各国政府不得限制数据跨境流动，其中包含四个具体方面，一是不得要求使用一方境内的计算设备或网络元件进行数据处理，包括要求使用经在一方境内认证或批准的计算设备或网络元件；二是不得要求数据在一方境内进行本地化存储或处理；三是不得禁止在他方境内进行数据存储或处理；

四是不得把使用一方境内的计算设备或网络元件，或者事先满足一方境内的本地化要求，作为数据跨境流动的前提条件。与“全面与进步跨太平洋伙伴关系协定”相比，欧盟在世界贸易组织谈判中的条文立场更加彻底地禁止数据本地化。表面上欧盟的条文对个人数据和隐私保护给予了更大空间，称主权国家可以采取任何自己认为适当的措施，但实际上主权国家只能针对个人数据和隐私保护这个原因对数据跨境流动作出限制。与之相比，“全面与进步跨太平洋伙伴关系协定”则是允许基于正当公共利益理由提出本地化要求，但欧盟的条文不允许正当公共利益这个事由，仅允许国家安全作为安全例外提出本地化要求，相当于更加缩限了主权国家限制数据流动的政策空间。

另外，在个人数据跨境流动监管上，欧盟主张个人数据和隐私保护是一项基本权利，这在一方面设立较高标准有助于数字经济中的互信和贸易发展；各方均可采取并维持其认为适当的保障措施，包括通过和实施个人数据跨境传输规则，以确保对个人数据和隐私的保护；协定中任何内容均不得影响各方的保障措施对个人数据和隐私提供的保护。事实上达到的效果就是欧盟可以为保护个人数据和隐私采取各自认为恰当的政策、立法、措施等，包括对个人数据的跨境流动进行专门的监管，以确保其相应配套立法——《通用数据保护条例》运作空间，以保证数字单一市场和数字主权。

开辟独特路径

对于欧盟内部，欧盟一直希望通过各种法律及政策工具打通各成员国间数据流动壁垒，将欧盟整合成一个统一数字市场，建立“单一欧洲数据空间”，打造欧盟境内基于“价值观”的数据自由流动秩序。2020 年底开始，欧盟开始出台系列数据相关立法的草案，一时间旨在针对科技巨头收集、使用、共享数据中限制创新和竞争问题的《数字服务法》《数字市场法》，激励各方数据共享的《数据治理法案》《数据法案》等相继问世。

《数字服务法》

欧盟委员会于 2020 年 12 月 15 日提出《数字服务法》（Digital Services Act, DSA）草案，并由欧洲议会于 2022 年 1 月 20 日表决通过。欧盟认为其在数字服务立法上具有滞后性。欧洲数字服务迅速发展，通过创新商业模式和跨境交易促进欧盟内部市场，影响欧盟社会和经济变革。自 2000 年《电子商务指令》（e-Commerce Directive）通过后，欧盟数字服务立法相对缺乏，相关法律法规的不完善为欧盟数字服务市场发展带来风险挑战。同时，欧盟数字服务市场也呈现不均衡性，欧洲数字经济市场中有超过 1 万家在线平台，其中大多数是中小型企业，而少数大型在线平台则在总产值中占据多数份额。同时，大型在线平台拥有稳固地位，许多希望开展业务的用户对其严重依赖，导致不公平商业行为。

《数字服务法》针对的主要对象为具有重大社会和经济影响的大型在线平台，为对其监督、问责和透明度提供了框架，完善了删除网上非法内容和保护消费者网上基本权利的机制。具体主要包含七大内容：一是打击包括商品和服务在内的网上非法内容，例如通过让用户标记网上非法内容，使平台与“可信标记者”（trusted flaggers）合作；二是创设在线市场商业用户可追溯性的新义务，以帮助识别销售非法商品的卖家；三是为用户提供有效的保障，包括对平台内容的审核决策提出质疑的可能性；四是要求在线平台采取广泛的透明度措施，包括广告来源、数据访问以及推荐算法的透明度，提高了平台如何收集、使用和保护消费者数据以及将竞争对手的业务信息与自身业务利用隔离开来的透明度；五是大型在线平台有义务采取风险管理措施，包括对风险管理措施进行独立审计，来防止系统滥用于非法内容和虚假宣传活动（例如竞选操纵、犯罪活动、恐怖主义和虚假新闻）；六是特定的研究者还可获取平台的关键数据，研究在线内容的相关风险；七是应对网络空间复杂性的监管结构——依托于新设立的欧洲数字服务委员会，欧盟成员国在监管中扮演主要角色，同时欧盟委员会在加强对大型在线平台的执法和监督方面发挥作用。

《数字服务法》要求欧盟每个成员国任命数字服务协调员，负责监督监管大科技公司在该国的合法合规情况。各成员国将根据法案要求在国内法中明确规定处罚措施，确保其与侵权行为的性质和严重程度相称，同时具有劝阻性和可遵守性。对于大型在线平台，欧洲数字服务委员会将拥有直接监督权，并在最严重的情况下可处以服务提供商全球营业额 6% 的罚款。

《数字市场法》

欧盟委员会于 2020 年 12 月 15 日提出《数字市场法》（Digital Market Act, DMA）草案，欧洲议会于 2021 年 12 月 15 日表决通过，2022 年 3 月 24 日欧洲议会和欧盟成员国达成政治协议。《数字市场法》主要针对守门人公司，即通常控制至少一种核心平台服务（如搜索引擎、社交网络服务、某些信息服务、操作系统和在线中介服务等），充当企业与消费者间的重要门户，拥有持久、庞大的用户基础，在欧洲数字市场占据或预期占据稳固而持久的地位，拥有事实上的规则制定权。守门人具体应考量以下三个条件：第一是对欧盟内部市场产生重大影响的规模。企业在过去三个财政年度在欧洲经济区实现的年营业额等于或超过 80 亿欧元，或者在上一财政年度其平均市值或等值公平市价至少达 800 亿欧元，并在至少三个成员国提供核心平台服务。第二是控制着企业与终端用户的重要通道。公司运营的核心服务平台在上一财政年度在欧盟建立或位于欧盟的月活跃终端用户超过 4500 万，并且在欧盟建立的年活跃商业用户超过 1 万。第三是享有或在不久的将来预期享有稳固而持久的地位。企业在过去三个财政年度中的每个年度都符合其他两个标准。如果上述三个条件均得到满足，则推定该企业为守门人，除非企业提出确凿论据来证明相反的情况。

《数字市场法》规定了守门人平台义务，既包括守门人在日常运营过程中实施某些行为的积极义务，也包括避免从事某些不公平行为的禁止性义务。前者包括在特定情况下允许第三方与自己的服务进行交互操作，为在其平台上投放广告的公司提供访问守门人的性能衡量工具以及独立验证所需的信息，允许其企业用户在守门人平台之外推广其服务并与客户签订合同，为企业用户提供访问守门人平台上的活动所生成的数据权限等。后者包括不得再阻止用户卸载任何预装软件或应用程序；不得使用从其企业用户获得的数据与之竞争；不得限制其用户访问其可能在守门人平台之外获得的服务等等。执法和制裁机制上，欧盟委员会首先评估企业是否是守门人，在企业被认定为守门人后的六个月内，必须遵守《数字市场法》中列出的积极义务和禁止性义务。守门人违反《数字市场法》的法律后果包括对违规行为采取巨额罚款、迅速通知、重组乃至禁止其进入欧盟市场等不同严厉程度的威慑或制裁措施。如果守门人不遵守规定，欧盟委员会可处以高达公司全球年营业额 10% 的罚款，如果屡次违规，则处以 20% 的罚款。

总体而言，《数字市场法》采取“事前监管”和“逐案执法”

双管齐下的创新举措，增强了欧盟对数字市场的竞争执法，补充了竞争法和反垄断法。法案生效后将对促进欧洲数字市场创新和竞争、帮助中小企业发展、保障欧洲数字服务市场公平性具有积极意义，但也将给亚马逊、苹果、谷歌、脸书等科技巨头和潜在大型互联网企业在欧盟的发展带来打击。

《数据治理法案》

欧盟委员会于 2020 年 11 月 25 日提出《数据治理法案》（Data Governance Act, DGA）草案，欧洲议会于 2022 年 4 月 6 日表决通过。《数据治理法案》是为了落实《欧洲数据战略》所采取的首项重要立法举措，主要目的在于加强欧盟内部和跨部门之间数据共享及信任，强化欧盟数据治理，同时释放数据经济价值。据欧盟委员会预计，公共机构、企业和公民产生的数据量将在 2018—2025 年间增加五倍。基于《数据治理法案》形成的新规则将允许欧盟更好地使用这些数据。

《数据治理法案》一是建立公共部门数据再利用新机制。在禁止排他性的前提下，允许自然人或法人在公共部门所提供的安全处理环境中访问公共数据。二是对可以被再利用的数据进行敏感性方面的限制。涉及隐私或商业机密的公共数据会被强制匿名或删除。开展数据再利用的公共部门应当具有技术设备上的相关保障，同时规定各成员国必须设立一个单一的联络点，必须支持研究人员和创新企业使用数据，必须建立能够通过技术手段和法律援助对公共部门进行支撑的数据再利用体系。三是倡议建立非营利性质的数据中介机构。为公共数据空间提供基础设施，以促进信息共享与交换。数据中介机构要向指定的主管当局备案，建立名册。

欧盟官方表示，该法案有助于扫除成员国之间在数据共享方面的冲突和障碍，为欧洲公共数据空间的发展提供支持和更多可能性；将成为创业创新的强大引擎，确保欧盟处于数据创新的前沿；有助于提高公共部门制定政策、提供服务的效率；有助于降低欧盟企业获取、整合和处理数据的成本，减少中小企业进入市场的障碍，缩短新产品和服务上市时间。但也有分析人士认为，在信任减弱和执行政治化的背景下，如此广泛的市场一体化，会给成员国国内机构带来沉重而不均衡的压力，可能成为政治不稳定的因素。

《数据法案》

2022 年 2 月 23 日，欧盟委员会正式公布数据治理立法《数据法案》（Data Act）草案，是《数据治理法案》之后《欧洲数据战略》之下的第二个立法倡议。旨在解决目前欧盟互联网企业“头部固化”严重、数据市场两极分化趋势加剧、80% 的工业数据从未被使用的问题，旨在促进数据共享和使用，强制亚马逊、微软或特斯拉等科技巨头分享更多数据，并为部署公共数据空间提供框架。

《数据法案》主要内容包括：第一，允许联网设备的用户访问由其产生的数据并可向第三方分享这些数据，以便提供售后或其他数据驱动的创新服务。这持续激励制造商继续投资于高质量数据生成，通过支付与传输相关的费用且不使用与其产品直接竞争的共享数据。第二，采取措施防止企业滥用数据共享合同，以帮助平衡中小企业的谈判权力。草案将保护中小企业免受强势一方强加的不公平合同条款的影响。第三，私营部门在紧急情况下向公共部门提供所持有的数据。特别是在发生公共紧急事件或在法律授权获得数据的情况下。需要有数据洞察力以快速和安全地做出反应，同时尽量减少企业的负担。第四，允许客户在不同的云数据处理服务提供商之间有效切换，并制定了防止非法数据转移的保障措施。总体而言，《数据法案》能够促进政企数据融合，提案所涉及的企业对公共机构数据流通仅适用于紧急情况下公共机构获取企业数据，对公共机构而言，有助于为其提出的数据需求提供合法依据、程序规范和具体规则指引，同时也可以在一定程度上减少企业顾虑，较好地平衡了紧急情况下公私主体的权责。

小结

在全球数据领域，欧盟凭借其独特又浓厚的个人隐私保护观念，已经成为当前国际上最具代表性的行为体之一。欧盟对个人隐私和数据安全的重视源于近代以来就深入欧洲人心的人权观念，这一观念随着时间的推移在欧洲人心中愈发根深蒂固。这一点不仅体现在欧盟对个人隐私保护订立的严格法律标准上，也体现在美欧对跨境数据流动规则的激烈博弈中。长期以来，美欧在数据安全观念和隐私保护模式上存在差异，特别是美国将所谓国家安全凌驾于境外个体基本权利上的单边霸权行径、对境外个体数据保护的歧视性对待，使跨大西洋数据流动“一波三折”。在经历了两次跨境数据流动协议失效后，时至今日双方仍在开展第三次尝试。

此外，在当今这一人类社会从工业文明进入数字文明的关键时代，抢占“数字先机”，通过“数字化转型”实现“数字主权”，提升在新一轮技术革命中的竞争力越来越成为包含欧盟在内的国家和国际组织思考的核心问题。对此，在数据领域，欧盟采取了“内外有别”的战略——对外通过订立严格的数据流动与个人隐私保护标准，构筑起欧盟数据流出的高门槛，最大限度地保护欧盟公民隐私与数据安全；对内则强调构建欧盟单一数字市场，以促使数据在欧盟内各国及各部门间自由流动，最大程度地释放数据的经济及科技创新潜力。但总而言之，我们应当看到，在国际数据权力之争日趋激烈的今天，欧盟正在不断加大其对数字主权与制度性权力的追求。

参 考 文 献

1 [德] 克劳斯·施瓦布著，世界经济论坛北京代表处、李菁译:《第四次工业革命》，中信出版社 2016 年版。

2 James Q.Whitman, "The Two Western Cultures of Privacy: Dignity Versus Liberty," The Yale Law Journal, Vol. 113, No.6, 2004.

3 叶开儒:《数据跨境流动规制中的“长臂管辖”——对欧盟 GDPR 的原旨主义考察》,《法学评论》2020 年第 1 期。

4 陈炜权、赵波:《论数据保护权作为一项基本权利》,《西南政法大学学报》2018 年第 6 期。

5 蔡翠红、戴丽婷:《第四次工业革命与外交变革探究》,《国际政治科学》2021 年第 2 期。

6 蔡翠红、张若扬:《“技术主权”和“数字主权”话语下的欧盟数字化转型战略》,《国际政治研究》2022 年第 1 期。

7 洪延青:《“法律战”旋涡中的执法跨境调取数据：以美国、欧盟和中国为例》,《环球法律评论》2021年第1期。

8 The White House, "Executive Order On Enhancing Safeguards For United States Signals Intelligence Activities," https://www.whitehouse.gov/briefing-room/presidential-actions/2022/10/07/executive-order-on-enhancing-safeguards-for-united-states-signals-intelligence-activities.

5

第五章 印度的数字雄心

在围绕数据展开的权力博弈中，既有美国、欧盟等数字强权国家和组织，也存在一众新兴力量，其中印度的角色和地位凸显。印度人口超过14亿，近年来保持较高经济增速，不仅是传统的软件出口大国，近年来更出台系列措施谋求成为数字强国。本章将概括梳理印度的数字强国之道、数据治理之法，并探寻在特殊国际环境下印度数字雄心和数据治理的发展方向。

谋求数字强国

20 世纪 80 年代，印度数字经济规模很小，信息技术服务业收入约 2500 万美元，占当时印度 GDP 的 0.01%。自 20 世纪 90 年代以来，印度信息技术服务业迅速起飞，尤其是软件业保持较高的增长率，在整个 90 年代以每年 46.5%—60.5% 的速度增长，而同期世界软件业的平均增长速度为 15%。2021 年，印度信息技术产业及相关产业收入已经高达 2000 亿美元，占当年印度国内生产总值的 13%。印度信息技术产业迅猛发展离不开不同时期印度政府的支持性政策。具体说来，印度政府采取了三大措施，刺激了信息技术产业的飞速发展，分别是 1991 年启动经济自由化改革，1989 年出台建立软件技术园区等特殊产业措施，以及政府对信息技术设备和服务进行密集采购。上述政策刺激了众多跨国公司在印度开展业务，这一发展反过来又刺激了印度信息技术服务出口热潮。

自 2014 年莫迪领导印度人民党执政以来，印度政府继续采取激励措施刺激信息技术产业发展。尤其是 2015 年 7 月 1 日，莫迪宣布发起“数字印度”运动，旨在通过改进数字基础设施、增加互联网连接等提升印度政府的数字化能力，进而向公民提供电子化政府服务，促进数字治理并赋予公民权力。该计划由三个核心要素组成：开发安全稳定的数字基础设施、以数字方式提供政府服务以及普及民众数字素养。在“数字印度”框架之下，印度政府启动了大批计划，包括“婆罗多网络”（BharatNet，旨在为印度所有村庄提供互联网接入服务）、“普及移动通信”（Universal Access to Mobile, 旨在为印度 55000 多个此前缺乏移动接入的村庄提供移动连接）、“智慧城市”（将所有印度城市转变为智慧城市）等等。相比之下，印度政府在做大做强数字基础设施方面的最大亮点是构建了独具印度特色、相互层叠补充的数字基础设施框架“印度堆栈”（India Stack）。“印度堆栈”是以开放式应用程序编程接口为基础建立的数字身份和支付系统。“印度堆栈”底层结构是拥有 13 亿用户的印度国民电子身份识别系统“阿达尔”，中间层则是“统一支付接口”，顶层结构则是数字支付、授权数据共享等各类特定应用程序。

具体说来，“印度堆栈”第一层是“阿达尔”电子身份识别系统。“阿达尔”旨在通过收集居民的住址、照片、指纹、虹膜等数据，为每个居民提供独一无二的 12 位身份证编号，并与手机号和银行账号绑定。自 2016 年以来，印度政府已发行了约 13 亿张“阿达尔”电子身份识别卡，覆盖了该国近 96.4% 的人口。

第二层是“统一支付接口”数字支付系统。“统一支付接口”

始于2016年4月，与“阿达尔”电子身份识别系统绑定，就可以通过使用“阿达尔”认证的任何银行进行在线交易。“统一支付接口”可以轻松地在银行账户、移动货币账户和数字钱包之间转移资金。这既可以用于从手推车街头小贩那里购买茶和饼干，也可以用于大宗商品和服务的电子商务支付，使得中小微企业得以挖掘和利用此前难以想象的商业机会。“统一支付接口”使得印度政府能够高效地进行大规模的财富转移。在新冠疫情期间，印度政府使用该系统向农民和其他边缘化群体支付了近440亿美元的援助资金。另据统计，2022年6月，“统一支付接口”处理了高达59亿笔交易，总金额高达1270亿美元。如今，“统一支付接口”整合了广泛的互联网和移动产品，在已经构成的庞大的电子支付生态系统中，亚马逊、谷歌、沃尔玛等跨国企业在印度的分支都依赖该系统，美国等国家正在考虑在本国支付系统中采用“统一支付接口”。可以说，“统一支付接口”有可能为印度提供自给自足的支付解决方案，而不再依赖全球支付解决方案。

第三层是名为“数据授权和保护框架”的技术法律架构。该架构旨在促进获得授权同意的数据共享，可以确保个人数据以加密方式从一个数据受托人传输到另一个数据受托人，且该传输过程只有在以电子方式获得数据主体同意后才会触发。数据主体由此对其个人数据使用享有更大的自主权，在确保隐私和信息安全的同时，获得了更大的便利性。当前，该架构已经在金融服务领域落地实施，并着手在医疗保健体系实施，未来将应用在教育、电信等一系列广泛领域和场景。

在“数字印度”运动等因素推动下，当前数字服务在印度的使用比以往任何时候都更加广泛。截至2022年，约占总人口的54%，超过7.5亿印度人使用智能手机，能够随时随地访问娱乐网站、信息平台和政府公共服务平台。未来，印度在线人口将持续高速增长，有望在2025年增长到9亿规模。上述高速数字化进程，加之在线服务普及和新技术大量应用，产生了前所未有的数据量。例如，印度平均每台智能手机无线数据消费量从2017—2018年每月1.2GB增加到2021—2022年的每月14.1GB，并将在2027年进一步上升到50G。

《新华财经》分析指出，以数字技术为代表的数字经济已成为印度经济的突出特征和未来发展趋势。数字经济加速渗透固有行业布局，推动行业发展态势和结构重组，而传统行业因数字技术而爆发出新增长点。在支付领域，印度数字支付呈现爆发式增长。印度央行以2018年3月相关数据为基础，建立了印度央行数字支付指数，以跟踪印度的数字支付发展情况。印度央行数据显示，2022年3月，印度央行数字支付指数为349.30，较去年同期的270.59增长29%。在电子商务领域，印度近千万家传统杂货店受数字经济影响而掀开了前所未有的深刻变革，例如，在线开店、网上订货、线下送货等。同时，传统杂货店开始与印度电商融合。2021 年，印度在线杂货市场增长 70%，在线食品配送增长 19%。未来，在线杂货市场在 2021—2026 年有望以 29% 的年复合增长率增长，到 2026 年达到 13110 亿美元；同期在线食品配送市场预计以 30% 的年复合增长率增长，到 2026 年达到 15150 亿美元。

“数字印度”与莫迪政府其他的发展计划相互促进，成为“印度制造”“初创印度”等重大发展倡议的推动者和受益者。有研究显示，2019 年数字贸易为印度创造了 350 亿美元经济效益，到 2030 年经济效益将增至 5120 亿美元，相当于印度届时 GDP 的 10%。印度电子和信息技术部曾预测，到 2025 年，印度数字产业规模可能高达 1 万亿美元，利于实现印度到 2025 年成为 5 万亿美元经济体的雄心。2022 年 3 月，印度财政部长西塔拉曼表示:“印度拥有超过 6300 家金融科技公司，其中 28% 专注于数字技术，27% 集中在支付领域，16% 属于贷款数字技术，9% 属于银行业基础设施，其余 20% 属于其他数字技术领域。”西塔拉曼预测，到 2030 年印度数字经济规模将达到 8000 亿美元规模。毫无疑问，印度的数字化速度快于大多数其他经济体，成为国内外公司争夺的目标。毫无疑问，若缺乏有效治理系统，印度公民将无法充分享受数据红利。因此，数据治理就成为印度政府必须处理的重大议题。

治理自成一格

如上文所述，数字经济迅速发展带来了空前的数据规模，这与印度当前不够完善甚至空缺的数据治理之间形成了巨大的鸿沟。为此，印度政府尝试通过制定法律体系、出台具体政策等，构建完整、有效、适合印度实际的数据保护和利用框架，在促进政府和私营部门更好地利用数据的同时，确保国家和个人层面的数据安全，实现社会经济效益的最大化。

印度现行以及拟出台的数据治理法律框架

尽管印度在数字经济方面取得了长足的进步，但印度的法律框架并没有跟上这种快速增长的步伐。截至 2022 年 12 月，印度尚未构建全面的数据治理法律框架。按照数据类型不同，印度搭建数据治理法律框架之努力正沿着以下两个方向前进：在个人数据治理方面，充分借鉴欧盟《通用数据保护条例》等个人身份信息相关国际法规的原则，推动相关立法进程；在非个人数据治理方面，着手建立专门的治理框架，这在国际数据治理中属于开拓性举措。为此，印度当局任命了一个专家委员会——戈帕拉克里希南委员会处理此事，并已经出台了报告草案；在政府数据治理方面，尝试通过《国家数据共享和访问政策》等管理政府数据。具体如下：

个人数据

目前，印度主要依赖《信息技术准则》（2011）作为规范敏感个人数据的基本框架。然而，该准则重在要求公司在涉及敏感个人数据收集、持有、存储、处理、保留和传输过程中必须征得数据主体的同意，并规定了处理敏感数据的某些特定安全做法和程序，并未如其他主要数据大国的数据保护法一样提供完整全面的数据保护框架。例如，准则没有涉及儿童数据权利、跨境数据传输等问题，也没有建立专门的数据保护监管机构。此外，自2011年生效以来，该准则执行状况不佳，缺乏执行监督，公司完全出于自觉自愿遵守该准则，且在出现模糊或争议情况时无处寻求相关指导。尽管如此，印度公众的数据保护意识持续增强，越来越认识到在其个人数据收集、生成和处理过程中所产生的潜在危害。2018年，印度最高法院在一项涉及“阿达尔”电子身份识别系统使用的判决中，认可公众有关政府使用该系统可能危害个人隐私的担忧必须得到认真处理。与此类似，2017年，印度最高法院裁决，“隐私权是印度公民的基本人权”。上述裁决强化了印度公众对于其个人数据处理自主权的关注。在此背景下，印度政府成立了由退休大法官斯里克利希娜领导的委员会研究制定个人数据保护法。斯里克利希娜委员会于2018年发布了报告以及立法草案。2019年12月，印度电子和信息技术部在印度议会中提出了一项名为《个人数据保护法案2019》的议案，并提交议会联合委员会进一步审议。2021 年 12 月，该议会联合委员会发布了 2021 年 12 月报告以及修改后的法案草案，即《个人数字数据保护法案 2021》。尽管该法案由于未知因素撤回，但预示了印度在个人数据保护方面的可能政策方向。

该法案将个人数据定义为“直接或间接可识别的自然人相关信息”，并就敏感个人信息进行了界定，包括：财务数据、医疗保健数据、官方标识符（包括政府颁发的社会安全号码或“阿达尔”号码等个人身份标志符）、性别认同和性取向的信息、生物特征数据、遗传数据、种姓或部落归属、宗教或政治信仰或从属关系，以及有关当局未来指定的其他此类信息。在数据处理实体方面，该法案将其个人信息被收集的个人称为“数据委托人”，这类似欧盟《通用数据保护条例》所界定的“数据主体”概念。数据委托人对于被数据受托人控制下的数据享有各种权利，包括访问权、删除权、更正权和可携带权等等。法案规定，数据委托人的同意和授权是处理个人数据的基础，同时也规定了一些不基于数据委托人同意的数据处理理由。该法案动议创建一个数据保护机构来负责法律实施和相关执法，该数据保护机构可以将某些实体指定为重要数据受托人，而制定标准包括已处理多少个人数据、处理个人数据的敏感程度、年营业额、数据处理的“伤害风险”、新技术使用程度、是否曾处理儿童数据或向未成年人提供服务。拥有超过指定数量用户或其行为“可能对选举民主、国家安全、公共秩序或印度主权产生重大影响”的社交媒体平台也可能被指定为重要数据受托人。一旦被界定为重要数据受托人，那么该实体将必须承担更大的合规义务，包括进行强制性数据保护影响评估、记录保存和审计要求等，还必须任命一名专门的数据保护官。从全球层面看，印度是较早对重要数据受托人施加更高义务的国家之一。

该法案并未对个人数据规定传输限制，“允许出于处理的目的并在数据委托人明确同意的情况下，将个人数据传输到具有认定保护措施的任何国家”，但授权中央政府将某些类型的个人数据指定为“关键个人数据”，只能在印度处理，只能在特定条件下才能转移到国外。该法案规定，数据受托人若违反法案规定造成损害，必须向数据委托人支付赔偿，其就损害的定义非常宽泛。相比而言，英国、欧盟等国家和组织的数字治理法规则就损害给出了非常具体和量化的定义。

非个人数据

除了海量个人数据之外，印度各种公共和私人实体也积累了大量专有的非个人数据集，并可能利用这些数据获得竞争优势。斯里克利希娜领导的委员会在报告中首次提及对非个人数据进行监管的必要性。2019 年秋，印度电子和信息技术部召集戈帕拉克里希南委员会，研究印度应如何管理非个人数据，并向联邦政府提出具体建议。2020 年 11 月，该委员会公布报告草案，征询公众意见。该草案规定，非个人数据仅包括以下两类数据。一是“与个人无关的数据”，例如天气状况或公共基础设施产生的数据；二是曾经为个人数据，但已经匿名化而不能再识别个人的信息，例如患者的匿名医疗记录等。草案将收集、处理、存储或管理数据的实体归类为数据实体，包括政府机构和私人组织，其拥有的非个人数据解锁后可以用于更大公益，为此建议成立一个单独的“非个人数据管理局”，并与《个人数字数据保护法案2021》提议设立的个人数据管理机构进行密切合作；建议设立“数据受托人”（政府机构或者私人组织）制度确保非个人数据服务于社区层面的权利和利益；动议创立高价值数据集，要求所有数据实体提供其所有非个人数据的元数据，并存储在拟建非个人数据管理局批准和掌控、对公众开放的单一元数据目录，而数据受托人将负责利用上述数据服务更大公益。非个人数据管理局根据申请对公共利益的预期影响、数据受托人履行义务能力、相关社区的充分支持以及公众咨询来批准构建高价值数据集的申请，尤其是用于研究和教育、医疗保健、农业和扶贫等公益领域。

根据该草案，印度拟建的“非个人数据治理框架”非常新颖。与《个人数字数据保护法案 2021》强调保护个人数据不被数据受托人滥用不同，“非个人数据治理框架”旨在打破原有的数据存储孤岛，释放无法识别个人身份的数据，以便用于更广泛的社会利益。

政府数据

尽管戈帕拉克里希南委员会2020年报告草案提及了政府持有的非个人数据，但印度政府单独制定了《国家数据共享和访问政策》确保不同政府机构的数据资产可供公众访问。该政策适用于各级政府、不同部门及其授权机构使用公共资金产生的所有非个人和非敏感数据。为了落实该政策，政府开发和启用了“开放政府数据平台”，从技术上确保了政府数据对公众开放。自该平台启动以来，印度政府陆续开发了数个后续公开数据平台，其中包括住房和城市事务部的“印度城市数据交换”、预算和治理问责中心的“印度开放预算”以及国家转型委员会提议的“国家数据和分析平台”。其中，最后一个平台旨在通过标准化政府来源数据改善数据检索用户体验，以促进研究、创新和公共消费。为了进一步提升政府数据开放的质量和数量，印度政府还推出了《印度数据可访问性和使用政策》草案以及《国家数据治理框架政策》草案，旨在以《国家数据共享和访问政策》为基础，通过利用新兴技术提高政府数据的利用率，并为此提出创建“印度数据管理办公室”以建立一个大型印度数据集存储库，并为存储和收集此类数据集制定标准。该办公室将负责确保数据委托方保留对所有此类数据的所有权，审查所有第三方对非个人或匿名数据集的访问请求，并有权限制特定实体的数据请求数量和范围。目前，上述政策仍然处于起草阶段，正在征求公众意见过程之中。

印度政府的数据治理方法

印度的数据治理框架受到一系列因素影响，其中包括本国历史、数据生成加速、公民社会积极参与和国际层面数字创新等。尽管印度搭建数据治理框架之努力难免受到欧盟《通用数据保护条例》《亚太经合组织隐私框架》等国际和区域规章的影响，但印度政府明显试图在某些领域寻求更适合本国国情的治理之路。

在治理原则上独具特色

相比欧盟《通用数据保护条例》等一些类似数据治理法律法规首先注重确保个人隐私不同，印度政府在个人数据治理领域保护个人隐私的同时，还侧重提高数据的可访问性和可用性。通过上文有关印度个人和非个人数据治理的法律框架不难看出，尽管印度政府认同保护数据至关重要，但数据共享和数据授权才是印度数据治理战略的最重要驱动力。正是从这一起点出发，印度政府才开发了“数据授权和保护框架”“开放政府数据平台”等平台，为开发数据交易市场提供了更大可能，助力印度数字经济发展，并以此驱动印度国民经济增长。

在具体方法上高度技术驱动

如上文所述，在“数字印度”运动等因素推动下，印度构建了以“印度堆栈”为代表的独特数字基础设施，这为印度政府数据治理提供了有效的技术手段，尤其是“数据授权和保护框架”这一整套技术法律架构。以该架构在金融服务领域的应用为例。

尽管印度法律承认和支持数据委托人对数据的广泛权力，但在实际操作层面，数据委托人却严重缺乏有效控制其个人数据的手段。例如，在传统方式下，当试图使用需要信用证明的金融产品和服务时，数据委托人经常遇到无法有效访问本人数据的窘境，因为这涉及物理打印输出、公证和手动提交等系列繁琐程序，而数据迁移则因为数据存储格式各异、整个生态系统缺乏统一标准而难以实现。印度政府通过"数据授权和保护框架"解决了这一问题。该框架将数据委托人作为整个数据共享和传输的核心，确保数据委托人以符合自身意愿，最终赋权自身的方式使用数据。在确保隐私方面，该框架引入机构中介来促进授权流程，该机构中介被称为授权管理者，进而使得授权流程和数据流程得以有效分离：数据提供方负责提供数据，而授权管理者则负责提供授权，进而实现了双盲数据共享环境，有效保护了数据委托人的私人信息。简言之，印度政府数据治理一大鲜明特点就是在执行数据治理相关政策中高度重视和依赖本土研发的技术基础设施。在印度政府看来，"数据授权和保护框架"等本土技术基础设施对于数据赋能必不可少，其重要性类似于传输控制协议 / 互联网协议之于在线通信以及全球定位系统之于导航。可以说，印度政府对于技术基础设施的重视类似于美国法律学者劳伦斯·莱西格的名言："软件和系统在塑造行为和技术采纳方面至少可以发挥与法规一样的作用。"

在国际博弈中强调维护数据主权

印度政府数据治理强调确保印度数据在本国内的控制和利用，以使印度公民数据首先服务印度国家利益，而非外国技术企业及其母国政府的利益。斯里克利希娜委员会 2018 年报告承认“跨境数据流动对于自由和公平的数字经济至关重要”，但同时认为数据流动不能被视为“纯正的商品”，这源于未经检查的数据流动可能严重侵害个人隐私，为此建议对数据流动进行广泛限制，其中包括要求对印度国内所有个人数据保留实时镜像副本。从各种文件和讨论分析，印度政府和社会强调维护数据主权源于多重政策目标。

首先，经济动因。一方面，印度政府越来越重视数据在促进经济增长方面的价值，因此致力于在国内保留数据，以便国内企业和机构优先使用。另一方面，印度国内各界都担心外国科技巨头对印度技术领域拥有过多控制权，甚至担心他国企业和政府对海外存储印度数据的滥用，而本国企业和政府却难以获得上述海外数据。印度企业和政府还担心外国科技巨头强化市场主导地位会削弱印度公民、企业和政府对外国科技巨头的议价能力。

其次，国家职能。一是维护国家安全利益。2014 年，印度国家安全委员会动议，应该要求“所有电子邮件服务提供商为其在印度业务安装服务器”。该动议主要背景是美国国家安全局前外包技术员爱德华・斯诺登曝光美国政府对包括印度在内的其他国家进行大规模监视和情报搜集。斯里克利希娜委员会 2018 年报告也以面临外国监视威胁为理由，提议将所谓“关键数据”进行本地化存储和处理，但并未界定“关键数据”的具体内涵，而是授权政府相关部门决定。该委员会报告还提出，必须保护印度关键数据免受对该国互联网基础设施潜在破坏的干扰，例如对印度海底电缆的攻击。除了确保数据免遭互联网基础设施破坏波及之外，一些印度政府职能部门法规也将维护国家安全作为推进数据本土化的重要理由。例如，印度电信许可部门出于国家安全动因而提出类似数据本土化要求。印度证券交易委员会认可的软件服务指南也有提高金融系统基础设施应对网络攻击弹性等要求。二是获得监督执法便利。斯里克利希娜委员会 2018 年报告中动议数据本土化的一大理由是印度执法机构出于执法目的获取国外存储数据请求经常遭到外国延迟甚至拒绝。一些特定部门的限制性规定也出于便利监管和监督之目的。例如，印度储备银行要求对支付数据“不受限制的监管访问”，以“确保更好的政策监控”。印度保险监管和发展局为了便利监管而对保单持有人数据提出本土化要求。印度计算机应急响应小组出于类似执法监管需求而要求特定组织“启用其所有信息和通信技术系统的日志，并保存半年记录备查”。三是提升政府决策科学性。《国家数据共享和访问政策》等政策文件和斯里克利希娜委员会有关非个人数据治理的建议等都提到，确保获得所需质量和数量的数据对于不同政府职能部门科学决策和行使主权职能非常重要。

正是出于以上原因，在印度国内企业的支持下，印度政府已经采取系列措施确保数据在印度国内得以充分利用，同时抵御外国科技公司所谓“数据帝国主义”“数据殖民主义”等威胁，确保国家数据主权；着手对获取印度数据的外国企业和机构进行“更具进攻性的监管”，尤其是跨政府部门推动“数据本土化”运动；在银行、保险和电信行业制定特定数据法规。印度政府已明确表示，一些特定类型数据必须存储在印度境内，以利于印度本国数据共享。同时，“非个人数据治理框架”也明确提出了数据主权原则，认为确保数据主权是印度国家及其公民、社区和组织从非个人数据中获取经济利益的关键。

国际地位特殊

在美国出台和落实“印太战略”大背景下，印度国际地位有所提升，处于非常有利的国际环境。这与印度国内因素相互叠加，刺激印度在处理对华关系等对外关系中采取较为强势的政策，甚至在数字经济领域对中资中企进行竞争性替代。

印度国际环境空前利好

美国重视“印太地区”已经是美国政府的既定策略，并且持续得到明确和加强。这体现在美国政府一系列关键政策文件之中。例如，拜登政府 2022 年 10 月出台的《美国国家安全战略》认为：“俄罗斯和中国构成严峻的挑战。而中国是唯一有意愿和能力以符合自身利益方式重塑国际秩序的竞争者，中国还拥有越来越多的经济、外交、军事和科技资源实现这一目标。”正是从大国博弈和地缘竞争的角度，美国有意通过整合“印太地区”盟友和伙伴关系体系强化对华竞争，其核心就是拉拢印度。例如，2022 年 2 月，拜登政府出台美国印太战略报告，将印度定位为“志同道合伙伴”“南亚及印度洋地区的领导者”“四边安全对话及其他地区机制的驱动力量”“地区增长和发展的引擎”等，重申将“支持印度的持续崛起和地区领导地位”。与之呼应，在《美国国家安全战略》中，美国认为，“印太地区”既是全球经济增长引擎，又是 21 世纪的地缘政治中心；南海则是全球三分之二海上贸易以及四分之一全球贸易的必经航线；自二战以来，“印太地区”从未如此重要，也从未如此需要美国的存在。为此，美国将“推进自由和开放的印太”放在其区域战略的首位，反复强调印度之“主要防务合作伙伴”“意识形态伙伴”定位。就此，伦敦国王学院国际关系教授哈什・潘特称，当前印度对于美国“印太战略”具有极端重要性：“印度是美国在更大的‘印太地区’和全球范围建立稳定的力量平衡之关键。尤其是在资源紧张的时期，面对中国的迅速发展，美国需要像印度这样的合作伙伴支撑其在‘印太地区’不断下降的信誉。”

在美国的强力推动和影响下，欧盟、日本等先后出台了类似的“印太战略”或政策，也高度重视印度的权重和地位，在政治、经济、安全等领域强化与印度的双边合作。同时，上述国家还逐渐形成了一系列小多边合作机制，例如美日印澳“四边安全对话机制”、美印以（色列）阿（联酋）（I2-U2）机制等等。这导致印度处于空前利好的国际环境。以俄乌冲突为例，2022 年俄乌冲突爆发以来，美国及其盟友多次在联合国发起要求谴责“俄罗斯入侵乌克兰”的提案，美西方政要密集访问新德里寻求印度加入，但印度在历次投票中都投弃权票。美国还联合盟友对俄罗斯进行涵盖经贸、金融、科技等众多领域的全方位制裁，但印度却反其道而行之，扩大对俄罗斯石油的购买力度。截至 2022 年 10 月，俄罗斯已成为印度第一大石油供应商，其占印度进口石油比例从 2021—2022 财年的 0.2% 飙升到 2022 年 10 月的 22%，超过了传统石油来源伊拉克（20.5%）和沙特（16%）。2022 年 11 月，印度外交部长苏杰生访问俄罗斯时明确表示：“印度是世界第三大石油和天然气消费国，有权在国际市场寻求最具性价比的能源供应。只要对自身有利，印度将继续从俄罗斯购买石油。”除了能源之外，印度还不顾美国制裁威胁，坚持从俄罗斯引进

S-400 防空导弹等武器。美国对于印度上述做法多有不满，总统拜登一度批评“印度在对俄罗斯政策上立场摇摆”。然而，出于拉拢印度落实“印太战略”的“大局”考虑，美国最终默许了印度在乌克兰危机上保持独特立场，“理解印度出于自身利益维持与俄罗斯在能源等领域的关系”。在此情况下，印度自认为其国际地位类似 20 世纪七八十年代的中国，认定“随着中国与美西方关系紧张，中国需要稳定对印关系，因此有求于印度”，战略自信空前强化，在处理对华关系中采取更加强势的态势。毫无疑问，印度此举深刻影响了在印度运营的数字经济领域中资中企。

印度在数字经济领域对中资中企进行竞争性替代

封禁几乎所有中资背景应用程序

中国创业者和资本高度重视基于庞大人口基数和巨大数字经济发展潜力的印度市场。2014 年以来，百度、阿里巴巴、腾讯等数字经济企业大手笔投资印度初创企业，Paytm（透过手机支付）、Ola（欧乐）、Bigbasket（大篮子）等印度很多应用程序都有中企参与融资。仅印度版支付宝 Paytm 就从阿里巴巴和蚂蚁金服获得 10 亿美元投入。然而，在一系列内外因素推动下，印度当局对数字经济领域的中资中企进行了空前严厉的限制性措施。2020 年 4 月，印度商工部宣布修改外国直接投资政策，要求来自与印度陆地边境接壤国家的投资者均须通过政府审批。这意味着中资中企再投资印度，必须经印度政府审批。同年 6 月，印度电子和信息技术部以国家安全为由，宣布禁用 59 款中国应用软件，其中包括知名社交软件抖音的海外版 TikTok、阿里巴巴旗下的 UC 浏览器和微信等。印度电子和信息技术部表示："上述软件有损印度的主权、领土完整、国家安全以及公共秩序。"此后，印度政府持续封禁具有中资背景的应用程序。2022 年 2 月，印度内政部以"对隐私和安全构成威胁"为由，再封禁 54 个中国手机应用程序，范围从手机游戏到视频聊天、自拍相机等，涉及腾讯、阿里巴巴、网易等中企。截至 2022 年 2 月，被印度政府封禁的中资背景应用程序已超过 300 款，包括 TikTok 在内的中资背景应用程序基本上退出印度市场。

印度政府大规模封禁中资背景应用程序原因颇多，但核心在于扶持本土数字经济企业增长，进而实现竞争性替代。在印度政府封禁 TikTok 之后，印度社交软件初创公司维色创新（VerSeInnovation Pvt）迅速推出本土短视频应用程序 Josh，填补了中资背景应用程序被禁之后的空白，其用户数量、活跃度、收入都创新纪录，并且获得印度国内外大笔融资。印度国内咨询公司显示，截至 2021 年 4 月，印度本土短视频应用程序 Josh、Moj、MX Takatak 和 Roposo 已经收割了原本 TikTok 印度用户的 97%，实现了在短视频领域对中资程序的全面替代。2022 年 4 月 6 日，维色创新宣布获得印度 2022 年以来最大金额风险投资，总额高达

8.05 亿美元，其中超一半资金（4.25 亿美元）来自加拿大养老金计划投资委员会。值得注意的是，维色创新 2022 年估值已达 50 亿美元。高盛、谷歌、微软等一众美国企业参与其多轮融资。

将中企排除在 5G 建设之外

在大规模封禁中资背景应用程序的同时，印度还刻意将中企排除在 5G 技术建设之外。2019 年 12 月 30 日，印度电信部长普拉萨德表示，印度没有限制任何公司参与该国 5G 试验，允许华为公司参与印度 5G 网络试验。然而，在实操层面，印度政府和企业则刻意将中资企业排除之外。例如，2020 年 7 月，印度大财阀信实集团宣布旗下的电信公司 Reliance Jio（信实通信）将不使用华为设备，该公司立即从美国脸书和谷歌等科技企业拿到了 100 多亿美元的融资。这强化了印度如下认知：印度从中国失去的，完全可以从美国阵营方面获得替代性补偿，印度在数字领域对中资中企进行竞争性替代的底气得到增强。2021 年 3 月，印度通过电信许可规范修正案，要求从 6 月 15 日起各电信运营商只能从印度政府批准的“可信任”供应商处采购，这被印度内外媒体解读为旨在排除华为等中企。果不其然，2022 年 6 月，印度通信部公告称，爱立信、诺基亚、三星等电信设备商被允许参与 5G 试验，而没有中企在名单之列，这表明华为、中兴等遗憾出局。7 月底，印度启动 5G 频谱拍卖会。印度 Reliance Jio、Bharti Airtel（巴蒂电信）和 Vodafone Idea（沃达丰创意）三家电信运营商和印度首富高塔姆·阿达尼集团参与了竞拍。竞拍后，上述印度企业敲定了其5G设备合作伙伴，将合同授予诺基亚、爱立信和三星，将华为和中兴排除在了5G技术推广之外。

此外，印度政府还瞄准了在印度市场占据70%份额的中国手机。2022年8月，印度科技部副部长表示，中国智能手机厂商目前在印度占据了主要的市场份额，但该市场主导地位并非“建立在自由和公平竞争的基础上”。这一表态反映了印度政府对于中国手机厂商的态度。近年来，印度政府针对中国手机厂商的不友好措施接连不断。例如，2021年7月，印度财政部税收信息部门搜查OPPO（欧珀）办公室，宣称发现438.9亿卢比的逃税证据。同年12月，印度政府对小米、OPPO和一加等手机厂家进行突击税务检查。2022年7月，印度执法局称，突击检查中国手机制造企业vivo（维沃）及其关联公司，并封锁了银行账户，冻结约46.5亿卢比（约合3.9亿元人民币）的资产。据《财经》报道，至少有500家中资企业在印度遭遇了税务及合规性调查，堪称中资企业进入印度以来面临的规模最大、影响最深远的系统性危机。目前，荣耀等部分中资企业已经撤出其印度团队。印度政府成规模限制中国手机厂商的原因与封禁中资应用程序类似：前期欢迎中企赴印设厂开展业务，帮助印度建立本土生产能力；一旦印度自认为相关领域本土业态构建完成，就通过监管部门查税、反倾销等针对性措施限制中企，扶持印度本土企业取而代之。

未来道阻且长

如上文所述，在若干政策激励下，印度数字经济发展迅速，未来潜力巨大。为此，印度政府积极搭建一整套数据治理框架。然而，印度的数据治理之路不会一帆风顺，将面临诸多问题和挑战。

印度政府现行以及拟出台的数据治理框架面临国内外质疑和挑战

如上文所述，在数据治理实践中，印度政府在保护个人隐私的同时还侧重提高数据的可访问性和可用性。然而，印度政府在个人数据与非个人数据治理方面都遭到了质疑和挑战。在个人数据治理方面，《个人数据保护法案 2019》若干条款引起了多国政府和企业的强烈反应。一些行业机构，如美印商业委员会、美印战略伙伴关系论坛、信息技术产业委员会、日本电子和信息技术产业协会，以及微软、苹果、亚马逊、谷歌和戴尔等企业对《个人数据保护法案 2019》出台强制性硬件认证、将非个人数据纳入管理等提出了担忧，认为这不符合全球数据保护的最佳实践，势必降低运营效率和经商便利性，进而抑制印度的创新。在非个人数据治理方面，印度社会对强制共享非个人数据也提出了担忧，企业质疑这样的制度安排能否改变拥有大量非个人数据的大型科技公司主导市场的固有局面。还有观点认为，强制共享非个人数据有可能抑制创新，从而阻碍印度的数字增长。

同时，印度国内也有声音质疑政府将数据治理框架扩展到非个人数据的合理性。尤其是非个人数据内涵非常广泛，印度政府强行管理此类数据可能会影响企业对其商业秘密和机密商业惯例的权利。此外，还有声音质疑如何准确区别非个人数据与个人数据，这源于很多例子已经证明：即使在匿名化之后，个人信息仍然可以被重新识别，这实际上模糊了个人数据与非个人数据的界限。

印度政府强调维护数据主权，影响与美国等国家和组织的数字合作

印度政府通过数据本土化等措施维护数据主权，这引起了广泛的国际关注，尤其是美国。一方面，美国出于“印太战略”考虑而对印度大加拉拢，甚至突破底线在一系列国际和地区问题上为印度站台背书。另一方面，作为数字科技大国，美国政府历来倡导所谓“数据自由流动”，反对其他国家推动数据本土化。

当前，美国科技企业，尤其是亚马逊、脸书和谷歌等积极游说反对印度有关数据本地化的立法。美国政府则公开背书上述美国企业的要求。例如，在 2019 年二十国集团大阪峰会上，时任总统特朗普表示：“美国反对数据本地化及相关政策，认为此类政策将限制数字贸易流动，并侵犯隐私和知识产权。”拜登政府也有官员表态，印度政府推动数据本土化是美印数字贸易的重大障碍，指责类似措施将增加在印度境外存储和处理数据企业的相关成本，并且成为小型外国公司进入印度市场的重大障碍。2022年11月，《华盛顿邮报》刊登《印度动议的数据保护法存在严重隐私问题》一文。该文称，印度政府有意通过《个人数字数据保护法案2021》在这一“全球最大的民主国家”中建立广泛的国家监视制度，这不仅会导致印度自由主义者大失所望，还会因为“将数据变为潜在的外交政策工具”而使得美国等贸易伙伴深感不安，并且导致印度与西方在意识形态上越行越远；该法案给予政府职能部门“大而无当的豁免权”，导致职能部门可以任意索取任何个人数据，保留任意时期，并不加监督地任意使用；该法案使得政府可以打着“维护印度主权和领土完整、国家安全、公共秩序，以及维持与外国友好关系”的名义与外国分享数据，很显然无从确保个人数据隐私和安全。正是基于上述强烈不满，继推特公司后，印度虚拟专用网络提供商SnTHostings（信索斯廷）也起诉印度政府，指责其“以安全为幌子普遍监控用户活动、任意且不合理地长期存储用户数据，无异于将所有虚拟网络服务使用者视作犯罪嫌疑人”。

印度政府推动对华竞争性替代，制约新兴市场国家团结合作

中印都是发展中国家，山水相邻、互为重要邻国，是推动世界多极化、经济全球化、文明多样化、国际关系民主化的两大中坚力量。众所周知，中印存在历史遗留的边界问题未解，双边关系还受到美国等第三方因素的影响。尽管如此，中方认为，中印两国共同利益远大于分歧，不能因小失大，让分歧定义两国关系。中印有智慧和能力，相互尊重，求同存异，妥善处理分歧和敏感问题。能解决的，积极寻求解决的办法；一时解决不了的，应将其放在适当位置，妥善管控，不使之干扰双边关系整体发展。

在数字经济领域，同为新兴市场国家的中印存在诸多相似甚至相同利益诉求，存在天然的合作空间和可能。然而，印度针对中资中企的竞争性替代做法却制约了中印合作，不利于印度自身数字经济的进一步发展。例如，2022 年 11 月底，印度外交部长苏杰生在卡内基印度中心举办的“2022 年全球技术峰会”表态称，在当前地缘政治环境下，技术已经成为全球化的重要组成部分。在过去的两年里，印度已经高度重视数据安全问题，尤其是印度数据流向如何？谁在搜集和处理印度数据并作何种用途？苏杰生表示，印度之所以禁止某些应用程序（指中资背景应用程序）是出于对数据流向的担忧，这不再是单纯的商业和经济问题，而事关印度的国家安全利益。苏杰生还表示，在当今世界，一切都已经“武器化”，印度必须就此做出相应调整和改变，即推动与“可信任”合作伙伴的数据合作，将数据存储在“可信任”地区。对于印度而言，地缘政治表现为对于合作伙伴的选择，印度只会与那些保证安全的合作伙伴分享数据。通过苏杰生以上针对性发言不难看出，印度以国家安全考虑打压数字经济领域中资中企的做法不仅没有改变，而且被进一步重申和加强。可以预见，印度在数据分享和运用方面将更多从地缘政治博弈角度出发，而非着眼地缘经济合作。这显然将继续干扰中印在数字经济和数据治理领域的互动和合作，不仅无助于以功能性合作改善中印关系，还会制约印度在数据领域的政策选择和发展，不利于印度自身数据事业发展。

小结

在围绕数据展开的权力博弈中，印度的角色和地位非常特殊，可谓独立于美国、欧盟等传统数据强国和组织之外的一支力量。自 20 世纪 90 年代起，印度逐渐成为软件出口大国。2014 年莫迪领导印度人民党执政以来，印度政府通过“数字印度”等加速发展数字经济，谋求成为世界级数据强国。同时，针对当前数据治理不够完善等问题，印度政府采取了自成一格的数据治理思维和方式，尝试构建完整、有效并适合印度实际的数据保护和利用框架，在促进政府和私营部门更好地利用数据的同时，确保国家和个人数据安全，实现双赢目标。然而，印度的数据治理之路也面临诸多问题和挑战。例如，印度政府现行以及拟出台的数据治理框架面临国内外不少质疑和挑战；印度政府强调维护数据主权，影响与美国等国家和组织的数字合作；印度政府在数字经济领域对中资中企进行竞争性替代，这制约了新兴市场国家在数字经济和数据治理等领域团结合作。

参 考 文 献

1 "What's Shaping India's Policy on Cross-Border Data Flows," https://carnegieendowment.org/2022/08/31/what-s-shaping-india-s-policy-on-cross-border-data-flows-pub-87769.

2 "India's Approach to Data Governance," https://carnegieendowment.org/2022/08/31/india-s-approach-to-data-governance-pub-87767.

3 "India's Sudden Reversal on Privacy Will Affect the Global Internet," https://slate.com/technology/2022/09/india-data-protection-bill-fourth-way.html.

4 "India's Data Protection Bill Has a Privacy Problem," https://www.washingtonpost.com/business/indias-data-protection-bill-has-a-privacy-problem/2022/11/22/972e6a90-6ac2-11ed-8619-0b92f0565592_story.html.

5 Department of Electronics and Information Technology, "Digital India," https://www.meity.gov.in/sites/upload_files/dit/files/Digital%20India.pdf.

6

第六章

金融数据的安全难题

第六章

2008 年国际金融危机之后，受人工智能、大数据、区块链、云计算等新兴技术的加持，数据化浪潮迅速席卷全球经济体系各个角落。素以技术密集型、数据密集型行业著称的金融业，也努力拥抱、适应这一历史发展趋势，开启了激进数字化进程。金融和数据的关系发生翻天覆地的变化，数据不仅是金融的基础，更成为金融的核心竞争力。与此同时，对数据、技术和相关基础设施的高度依赖以及由此引发的各类问题，也日益成为国家安全面临的新风险源，成为行业发展、国家监管、全球治理等各个层面都必须认真思考和应对的重大挑战。

孟加拉国世纪金融案

2016年2月5日星期五，孟加拉国首都达卡，孟加拉国央行总部大楼十层的一台打印机突发故障。这台机器专门负责打印央行账户款项进出记录。由于此类小故障之前也出现过，因此没能引起当天值班经理的重视。2月7日，这台打印机清除故障被重启后，吐出了一份来自纽约联储银行的惊人通知。该通知称，美联储收到来自孟加拉国央行35条取款指令，总金额高达10亿美元，几乎是孟加拉国央行当时在美联储账户里的全部存款！

这35条取款指令中，有30条共涉及8.5亿美元的转账指令因收款银行名称中包含敏感词“Jupiter”（被美国制裁的一艘伊朗货轮也叫这个名字），被纽约联储银行拒绝执行。另外5条则获得纽约联储银行确认，金额合计1.01亿美元。这其中，有1条将2000万美元转给斯里兰卡慈善组织莎莉卡基金会的指令，因出现拼写错误，将Foundation写成Fundation，引发中转银行德意志银行的怀疑并触发审核程序，随后该笔转账被中断。另外4条指令则被成功执行，共8100万美元被转入菲律宾银行系统。截至2018年，只有1800万美元被成功追回，另外6300多万美元成为孟加拉国央行的永久性损失。

这一案件很快引发全球广泛关注，并被称为“世纪金融”大案。究其原因，不仅是因为涉案金额巨大、黑客作案手法“精巧严密”，更是因为多家涉案机构核心敏感，凸显数据化时代全球金融体系基础设施的脆弱性。本案中，涉案机构包括孟加拉国央行、纽约联储银行、环球银行金融电信协会（SWIFT）。前两者本应是铜墙铁壁安保森严的银行，后者则是全球金融体系的关键基础设施。这三个机构的重大技术漏洞和设施漏洞，给无孔不入的网络黑客提供了可乘之机。

实际上，在案发前，孟加拉国央行就意识到自身网络安全系统可能存在安全漏洞，并聘请了一家美国网络安全公司进行整体加固。但孟加拉国央行遭受攻击时，该安全系统并未发出警告。随后调查发现，孟加拉国央行的网络防护系统存在诸多问题，包括：未使用防火墙设备进行策略配置；各类服务器之间没有做相应的网络隔离；工作人员在 SWIFT 系统上配置了无线网络访问接口，且口令保护十分简单；SWIFT 服务器上没有禁用 USB 接入等，这些问题最终给了黑客可乘之机。

除孟加拉国央行外，纽约联储银行也在本案中扮演了关键角色。尽管它成功拦截了 30 条虚假指令，但为另外 5 条欺诈性指令放行，充分暴露其安全防护网的脆弱性。鉴于美元是当今国际货币体系的关键货币，美联储在全球金融体系中处于中枢地位，纽约联储银行安全防护系统的重大纰漏无疑将动摇全球各国对美元体系的信心。尽管孟加拉国央行最终决定放弃对纽约联储银行追责，但这个案件发人深省：美联储在保卫全球美元支付体系的安全上到底应当承担多大责任？

如果将美联储比喻为全球美元体系的大脑，SWIFT 就是遍布这一体系的神经系统。本案中黑客发动的病毒攻击之所以奏效，主要是利用了银行访问 SWIFT 系统时的安全漏洞。上述案件爆发后，SWIFT 在全球范围内采取了多项措施加固技术安全防线，但 2018 年 3 月底 4 月初，马来西亚央行的 SWIFT 服务器再遭黑客攻击，随后菲律宾央行也向本国金融机构发出警告。这些事件表明，SWIFT 平台依然脆弱。

可以说，在全球金融安全史上，孟加拉国央行案具有分水岭意义。在此之前，各国金融机构虽也频繁遭遇网络攻击，但规模相对较小，损失相对较少，对全球金融体系的冲击基本可以忽略不计。而在此之后，不仅大小金融机构，连央行和 SWIFT 系统都进入黑客的瞄准范围，各国金融体系和全球金融体系的稳定和安全受到空前挑战。

孟加拉国央行案件的爆发具有鲜明的时代背景：全球金融业正经历一场激进的数字化浪潮。在“万物皆数”的数字经济时代，数据、与数据相关的技术和基础设施正全面重塑全球金融业。数据化转型让金融服务变得更快、更优、更包容的同时，也增加了金融体系的脆弱性和衍生风险的多样性，因而对国家安全形成前所未有的新挑战。

金融即数据

金融业大蜕变

金融行业天然具有数据基因。金融业并不生产有形的产品，其主要功能是实现资金在不同行业、不同市场参与者之间的跨期配置。从金融业诞生之日起，金融活动的核心能力之一就是记录交易和与交易方相关的信息，而这些信息是做出资金融通决策的关键基础。自两千多年前中国发明纸张到 20 世纪 70 年代晚期，金融业一直都建立在纸张的基础上，例如纸质账簿、纸质凭证、纸质货币。此后，随着电子化、电子储存和计算能力的发展和传播，金融业逐步成为一个数字行业。过去 50 年里，金融业经历了两次信息化飞跃，始终处于数字化转型的前列。

第一次飞跃：淘汰纸张，从笔抄纸写跨入电子金融时代。

通信技术和网络技术的飞速发展及其与全球金融活动的高度紧密结合，使全球金融发展进入了一个新的历史时期——电子金融时代。金融电子化是指采用电子化设备、通信技术、网络技术等现代化技术手段实现金融业务处理自动化，从而为客户提供多种快捷方便的服务，并为管理层经营决策提供及时、完整、科学、准确信息的过程。早期的金融电子化主要是把计算机应用于银行传统的存、贷、汇等各项金融业务的处理中，实现会计账务和各项金融业务的电子数据化处理。

20 世纪 70 年代以来，随着计算机和通信技术的快速发展，金融计算机的功能日趋成熟和强大，金融电子化在世界范围内掀起一场金融革命。以银行为主的金融界不再满足于对传统存、贷、汇业务的电子数据处理，而是不断推出新型金融业务服务。例如，1969 年美国第一台自动取款机在纽约亮相。1971 年，美国纳斯达克股票交易市场成立，这是世界上第一个也是迄今为止最大的电子股票交易市场。1973 年，总部设在比利时布鲁塞尔的 SWIFT 成立，其初衷是创建一个国际金融信息传输系统，以解决各国金融通信不能适应国际间支付清算快速增长的问题。1974 年，SWIFT 开始设计计算机网络系统。1977 年完成网络系统各项建设和开发工作，并正式投入运营。与此同时，全球范围内全手工操作的银行体系开始走向消亡，电话银行、家庭银行、网上银行等新型服务闪亮登场；销售点电子资金转账系统陆续启动；金融市场上交易的各类金融工具（包括股票和其他证券）实现去实体化；更加讲求速度和安全的现代化电子清算体系逐步建立，促进资金在全球范围内的快速流动。总之，金融业全面跨入信息化时代。

第二次飞跃：开启激进数字化进程，迈入数据化时代。

数字化与数据化相互联系，但存在本质区别。数字化指将模拟信息转化为数字形式，特别是 0 和 1 组成的二进制代码，以便计算机的识别和处理；数据化则是指将现代生活的各个方面转化为数字化数据（digital data），并通过一系列迅速发展的技术和方法予以收集和分析。从这个意义上讲，20 世纪 70 年代到 21 世纪初，随着全球经济迈入信息化时代，金融业经历了信息化、数字化转型。2008 年金融危机之后，随着数据储存、处理、计算和通信技术越来越先进、越来越强大，全球经济数字转型加速推进。2020 年全球新冠疫情的暴发加速了这一进程，引发了史无前例的数据创造、收集、集成和传播潮流，同时大大加深了各个行业对数据的依赖，金融业尤其如此。在新兴技术的加持下，金融业开启了激进的数字化进程，这一进程也被称为“金融科技运动”。

在金融数据化时代，数据不仅是承载金融信息的工具，更是现代金融的基石；金融交易就是数据的转移；金融基础设施，包括股票交易所和支付系统，是数据构成的网络；金融机构，诸如银行和其他中介机构，都是数据的处理者，它们收集、分析、交易由客户产生的数据；金融数据既是开拓金融服务领域的资源，以及能够融入新型金融服务的商品，同时也成为交易的主要资产。总之，数据不再只是金融的关键组成部分之一，金融就是数据。

金融图景重塑

新技术崛起。数字金融的扩散和金融科技解决方案的进步受到新兴技术集成的支撑。以分布式记账技术（如区块链）、新型分析技术（人工智能）、机器学习、大数据以及新型数据储存和通信技术（如云和物联网）等为基础的新兴数字形式正重塑金融业。

支撑金融数据化浪潮的核心技术被归纳为“ABCD 技术”：A 指人工智能（Artificial Intelligence），B 指区块链（Blockchain），C 指云计算（Cloud Computing），D 指大数据（Big Data）。其中，

金融大数据的存储加工、深度挖掘、标准化开发，以及管理、应用、服务及治理等活动，为金融业现代化转型提供数据底座；云计算技术作为实现信息技术资源按需供给的技术手段，具有高弹性、高扩展性的特征，可以实现让金融企业像使用水、电、煤一样使用信息技术资源；人工智能技术赋能数字化金融应用场景，改变了从支付结算到消费信贷、信用卡、财富管理，再到普惠金融、产业金融、智能营销、智能风控、智能运营等各个金融服务领域；区块链技术具有去中心化、链内信息传递公开透明、数据处理效率高等特点，能更好促进金融服务与产业生态圈的融合。

金融数据和技术之间存在正反馈关系。数据化进程促进了对新型数字数据的获取和分析，反过来又推动了新型技术解决方案的发展。总之，在金融数据化时代，数据、技术以及技术集成具有改变金融产品、服务模式、行业生态和市场格局的巨大潜能，因而也成为金融企业的核心竞争力。对于大部分金融机构而言，数据化的旅程才刚刚开启。下一个十年，围绕数据化转型展开的行业竞争会越来越激烈。数据化将与公司业绩和价值主张清晰地联系在一起，毫不夸张地说，数据化战略、路线图和执行计划等决定了一家金融机构的未来成败。

新玩家登场。尽管金融数据化革命的动力主要来源于金融体系内部，但是金融和数据的关系也被传统金融业以外的强大因素所塑造。大型数据密集型的非金融企业，即科技巨头，正迅速获取提供高端金融服务的能力，并通过其深嵌于数字网络内的结构性权力，快速成为商业银行、投资银行等老牌金融机构的强有力竞争者。过去，以银行为主的金融机构向客户提供“一站式服务”，提供包括存款、贷款、支付、清算等一揽子服务。随着金融科技的崛起，金融机构提供的传统金融业务被加以分解并被搬至互联网或手机上。精耕某一细分领域的金融科技公司大量涌现。它们要么聚焦存贷业务（数字银行、金融科技企业提供的贷款业务、众筹贷款）、资本筹集业务（众筹股份）、资产管理业务（投资顾问业务），要么专注于支付结算清算业务（电子货币、数字支付服务）、保险业务（保险科技）等。

在一些金融细分领域，科技巨头的市场影响力正迅速崛起。在中国，微信支付和支付宝常年占据移动支付市场 90% 以上的份额。在北美，苹果支付是最受欢迎的移动支付工具。苹果公司 2014 年推出苹果支付后，苹果手机用户对苹果支付的使用率快速攀升，从 2016 年的 10% 升至 2022 年中期的 75%。除上述三家公司外，Meta、谷歌、亚马逊等科技巨头也纷纷试水金融业，涉足领域从个人贷款、小企业贷款、保险到理财服务等不一而足。尽管目前看，科技巨头仍未在任何国家的金融体系中占据主导地位，但其快速增长的潜力不容小觑。而且，科技巨头向金融业进军的趋势并非过渡性现象。相反，这是数据和金融体系融合进程中的一个必经阶段。

拥有数据、技术、平台等多重优势的科技巨头成为金融游戏规则的改变者。面对它们的强势竞争，银行巨擘严阵以待并纷纷开启数据化转型征程。一些老牌银行甚至开始自称“科技企业”，以显示对数据化时代的积极拥抱姿态。例如，作为全球金融史上存续时间最久、规模最大的投行之一的高盛，就多次强调自己是一家“科技公司”，理由是其雇佣的工程师和程序员的人数甚至远远高于一些科技巨头。

新边界拓展。金融和数据的融合已经改变了金融活动的核心本质。金融不再仅仅是金融服务提供商和客户之间的关系。在金融数据化发展的大背景下，金融数据持有者、处理者和使用者之间的关系变得更加复杂，金融服务流程也因此变得更加多样。

由于金融数据及其他数据的飞速增长和新型使用，金融服务的边界被大幅拓展。例如，数据的可得性和数量正加速人工智能在零售金融、专业交易和合规监管等领域的广泛应用。又如，分布式记账技术的兴起使得去中心化金融场景得以崛起，长期困扰金融业的数据诚信问题在区块链等新技术加持下获得新的解决方案。在这一背景下，供应链金融迅速步入平台化、智慧化的新阶段。其特点是业务模式趋向去中心化、实时化、定制化、小额化，产品则以数据质押为主，在物联网、人工智能、大数据、区块链等技术加持下，能够实现供应链和营销链全程信息集成和共享，同时提升服务能力和效率。此外，新型资产行业也得到蓬勃发展。例如，加密货币、数字资产和去中心化金融加速推动数据和与数据相关服务的去中心化，并可能创建面向未来的新型金融基础设施。

金融数据之于国家安全

金融业是国民经济系统中的战略性行业，为实体经济发展提供重要支撑，金融基础设施属于国家关键基础设施，对于国家经济社会正常平稳运行至关重要。涉及重要个人、企业、战略性行业以及政府财务状况的金融数据，往往极度敏感，并具有强大的市场、经济、社会甚至政治影响。正因如此，重要乃至核心的金融数据历来是各国政府重点保护的对象。数字经济时代，金融数据的内涵和外延迅速扩展，与之相应，金融数据影响国家安全的机制也更趋复杂，其冲击的国家安全子领域从经济安全、金融安全扩展至社会安全、政治安全，甚至生态安全。

第一，金融稳定风险。

关键金融基础设施的安全漏洞，越来越成为威胁金融稳定的重要风险源。近十年来，随着全球金融业加速数据化转型，金融业平台化趋势日益显露，外部欺诈和系统出错等引发的操作风险受到越来越多的关注。对于一些金融机构而言，操作风险引发的损失甚至已经超过信用风险、市场风险等。上文提到的 2016 年网络黑客对孟加拉国央行、SWIFT 系统的攻击就属于典型的操作风险。在这一案件中，外部欺诈、内部欺诈、系统老化、系统安全防御网薄弱等，都是导致孟加拉国央行最终蒙受巨额损失的关键因素。

目前，全球各国金融系统的数字化升级转型刚刚起步，由于驱动这一变革的新兴技术仍处于日新月异的推进跃升中，因此，关键金融基础设施的完善和升级必将是个漫长的过程，而金融体系安防力量和网络黑客之间的较量也必将越来越激烈。

第二，数据滥用和泄露风险。

随着金融数据的日益膨胀和日趋集中，少数机构市场权力膨胀，金融服务提供者和民众之间出现知识、信息和权力的空前失衡。依靠数据优势和强大算力，金融服务机构能制定因人而异的价格，投放针对性强的广告，甚至影响人们的思想和行为。与此同时，个人的权力却非常有限。2020 年 10 月，英国数据监管机构信息委员办公室在经过两年调查后指出，艾贵发（Equifax）、益博睿（Experian）、环联（TransUnion）不仅是信用报告机构，也是数据经纪商，因此“该产业存在大规模、系统性的数据保护缺失”。

此外，金融业因持有海量个人敏感信息，日益成为网络窃取和勒索的重要目标。尽管这类攻击本质上也属于操作风险，但其目标不是窃取和转移银行资金，而是以公开银行持有的个人敏感数据为要挟，迫使银行支付巨额赎金。这类案件不仅对银行的声誉和经营造成较大影响，而且涉及大量个人隐私数据，对社会心理和社会安全产生潜在冲击。

IBM 相关报告显示，近年来，在全球范围内，数据泄露事件给企业和组织造成的经济损失和影响程度逐年增大，2022 年数据泄露事件造成的损失平均高达 435 万美元，较 2021 年和 2020 年分别增加 2.6% 和 12.7%。在所有行业中，金融业遭受的网络攻击仅次于医疗行业，排名第二。

近两年，针对金融企业的大规模网络攻击事件主要包括：2020 年 12 月，美国无限保险公司的网络服务器被未授权访问；2021 年 3 月，美国第七大商业保险公司 CNA 金融公司遭遇“凤凰加密锁”（Phoenix CryptoLocker）勒索软件攻击，大量客户信息被窃取；2021 年 5 月，保险巨头法国安盛集团在泰国、马来西亚、中国香港及菲律宾的多家亚洲分支机构受到“毁灭”（Avaddon）勒索软件集团的攻击，共 3TB 敏感数据被窃取；2021 年 10 月，厄瓜多尔最大私营银行皮钦查银行遭受勒索攻击，导致该银行业务大面积中断，ATM 机、网上银行、移动客户端、数字渠道和自助服务、电子邮件均无法运行；2021 年 11 月，美国知名在线券商罗宾侠（Robinhood）遭恶意黑客攻击，致使 700 万用户数据泄露。IBM《2022 年数据泄露的成本报告》估算，现有 45%

的数据泄漏发生在云环境里，说明云环境的安全性还没有做到像传统封闭式 IT 系统那样可靠。

第三，恐怖融资与洗钱风险。

金融数据化转型的一个重要结果是"数字资产交易行业"的崛起，包括比特币及各类稳定币在内的私人数字货币交易活动迅速扩大。其中一些加密货币崇尚匿名性、去中心化，不仅交易不可追踪、无需许可，甚至不可逆转，因此在缺乏有效监管的情况下，极易沦为恐怖融资和洗钱活动的新通道。

一些研究显示，加密货币已成为恐怖组织筹集资金的重要工具。如，随着"伊斯兰国"实体"哈里发"陷入混乱，其传统收入来源石油和税收收入消失殆尽。"伊斯兰国"及其全球分支机构日益借助加密货币资产网络为其恐怖活动筹资，比特币、以太币、门罗币等加密货币都成为其资金来源。此外，一些新兴的恐怖组织及其附属组织，也开始频繁使用加密货币筹资。2016年，加沙"圣战"宣传组织伊本·塔米耶"媒体中心"在西方社交媒体上发起比特币筹集活动；2017 年 12 月，一些亲"伊斯兰国"网站开始募集比特币。2020 年 8 月 13 日，美国反恐机构宣布取缔一系列通过脸书和电报（Telegram）发起的加密货币筹款活动。

一些恐怖袭击事件被认为与加密货币筹资直接相关。例如，2015 年 11 月 13 日法国巴黎的恐怖袭击事件，被认为是"伊斯兰国”利用比特币作为资金转移工具支持发动的。同样，2016年雅加达恐怖袭击事件的策划者巴伦·哈依姆，也是使用比特币进行虚拟支付，从而向恐怖分子转移资金并资助恐怖活动。2017年，“想哭”勒索病毒攻击了全球数千台计算机系统，并向受害者索取巨额比特币赎金。由于该事件对多国经济社会的正常运行造成威胁，也被称为“典型的网络恐怖主义事件”。尽管目前很难确定恐怖组织在筹集和转移资金时到底在多大程度上使用了数字资产，但可以肯定的是，恐怖组织对加密货币的倚重正不断上升，这也为全球反恐怖融资和反洗钱工作带来巨大挑战。

第四，生态环境或气候风险。

金融数据化转型依赖对海量数据的收集和处理，不论是储存、备份、传输，还是运算、交易等，都需要以大量能源的持续性消耗为基础。其中某些环节因能源消耗惊人，引发国际社会的广泛关注。

以虚拟货币的生产过程“挖矿”为例。比特币等虚拟货币不以实物形式存在，而是由计算机所生成的一串串复杂代码所组成，新的货币需要依靠大功率计算机日以继夜不停演算、解决复杂的数据问题才能获得，这一过程被形象地称为“挖矿”。据英国剑桥大学2021年测算，比特币一年耗费的电力超过阿根廷整个国家的用电量。“万维网之父”蒂姆·伯纳斯-李则将比特币“挖矿”称之为“最没有意义的能源使用方式之一”。

由于化石燃料发电厂在全球能源结构中仍然占据主导地位，耗电量极高的比特币“挖矿”在一定程度上加剧了导致气候变化的温室气体排放。据美国白宫科技政策办公室测算，包括比特币在内的加密资产活动产生的二氧化碳每年占美国温室气体排放总量的 0.4%—0.8%。尽管“挖矿”对气候的影响仍远小于农业、建筑、能源和交通运输业等“排放大户”，但与信用卡等传统交易方式相比能源消耗巨大。据估计，每笔万事达卡交易所消耗的能源约为 0.0006 千瓦时，而每笔比特币交易却需要消耗 980 千瓦时。

为回应国际社会的忧虑，2021 年 3 月，可持续能源与区块链行业的三家重要机构：能源网络基金会、落基山研究所及创新监管联盟共同发起“加密气候协议”倡议，目标是“在创纪录的短时间内使全行业实现去碳化”，到 2030 年让全球加密货币行业实现净零排放。尽管该倡议已获得气候、金融、非政府组织以及能源行业的广泛支持。但到目前为止，加密货币行业通向净零排放的技术路径和前景仍不清晰。

第五，资产冻结风险。

自金融业开启电子化革命后，这一风险便开始显露。随着金融全球化的迅猛发展，各国金融联系不断加深，互持资产规模迅速膨胀。特别是近年来，美西方政府显现出货币武器化、金融体系武器化的危险政策倾向，以电子数据形式存放在海外的资产随时面临被冻结的风险。以外汇储备为例，美欧政府债务在全球外储资产中占比较高，其往往“要求”（强制）持有国将这些资产存放在自己央行的账户上。尽管无论从法律还是道义上讲，外储资产的持有国都应当对自己的资产享有绝对处置权，但在现实世界中，在国际货币体系中处于主导地位的美西方国家，能够通过单独或联合冻结对外负债的方式打击债权国。

1979 年时任美国总统卡特签署总统行政令，宣布冻结伊朗在美国约 120 亿美元资产。2016 年，美国最高法院甚至宣判，在 1983 年黎巴嫩贝鲁特爆炸事件中死亡的美国士兵的家属可以从被冻结的伊朗央行外储中获得赔偿，理由是伊朗对爆炸袭击者提供支持。

2019 年美国政府拒绝承认选举获胜的委内瑞拉马杜罗政府，并冻结了委内瑞拉央行的外汇储备，随后美国政府让委内瑞拉反对派领导人瓜伊多接管了这些资产。

2021 年 8 月塔利班在阿富汗掌权后，纽约联储银行冻结了约 70 亿美元的阿富汗央行资产。2022 年 2 月，美国总统拜登将其中 35 亿美元交给美国国务卿指定的阿富汗代表，而不是塔利班政府。另外 35 亿美元则被继续冻结，等待美国法院对塔利班的缺席审判。

2022 年初俄乌冲突爆发后，美国联手欧盟、英国、日本、加拿大等，对俄罗斯进行极限金融施压，包括冻结俄罗斯央行和主权财富基金高达 3000 亿美元的海外资产，禁止与俄罗斯央行、财政部及主权财富基金进行交易，将多家俄罗斯主要银行从 SWIFT 系统中剔除，禁止俄罗斯主要国企和私企在西方资本市场上交易等。

总之，近年来美西方动辄冻结他国海外资产的做法，不断突破主权国家豁免规则，不仅持续削弱自身货币作为国际货币的国际声誉和可信度，而且已成为威胁全球金融稳定的结构性问题，加剧全球经济金融体系的碎片化倾向。

全球治理困局

全球金融治理是全球层面防范金融风险、促进金融合作、推动金融发展的重要机制，参与全球金融治理是维护国家金融安全的重要面向。金融数据化进程不仅给国家安全的众多子领域带来新风险，也令全球金融治理面临前所未有的巨大挑战。

金融业是受到监管最严格但同时也是最为国际化的行业之一。尽管缺乏国际硬法支撑，但一系列无约束力的国际软法，以及由正式国际组织（如国际货币基金组织、世界银行）、非正式监管组织（如国际清算银行、金融稳定理事会等）、政府间组织（七国集团、二十国集团等），以及众多的金融企业和私营组织

（国际掉期与衍生品协会、世界交易所联合会、巴黎俱乐部、伦敦俱乐部等）组成的松散合作网络，共同维持着庞大复杂的国际金融市场和体系的正常运作。在金融科技运动开启之前，全球金融治理的主要议题是制定和更新银行等细分金融行业的国际监管规则，推动国际货币基金组织和世界银行等国际金融机构改革，培育和优化全球金融开放环境，促进各国广泛参与并深化金融合作等。2008 年之后，随着金融数字化浪潮汹涌袭来，金融数据治理逐渐崛起为全球金融治理领域中的一个重要子议题。数据化是一把双刃剑，一方面，它确实为全球金融深度互融提供技术机遇；另一方面，与数据相关的隐私担忧和战略关切，也为全球金融合作设置了新的障碍。

挑战一："数据鸿沟"难以弥合

随着金融机构、信息、产品、关系的日益数据化，全球金融治理的有效性越来越依靠对金融数据的及时获取和处理。在国家层面，一国政府可以利用行政权力加强对金融数据的获取和整合，但在国际层面，关键数据的系统性获取受到来自参与国数据获取能力和合作愿望的双重挑战。

早在 2008 年国际金融危机爆发后，主要国家就意识到获取关键数据对于防范金融危机的重要性。受二十国集团委托，金融稳定理事会和国际货币基金组织于 2009 年 10 月发布名为《金融危机和信息鸿沟》的报告，该报告促使二十国集团提出“数据鸿沟倡议”。2015年9月，“数据鸿沟倡议”第一阶段工作结束，二十国集团顺势开启第二阶段工作，提出要“常规化收集和公布可靠及时的统计数据”，且这些数据应实现最小程度的标准化。第二阶段提出三类建议，一是监测金融业风险，二是聚焦金融业的脆弱性、相互关联和溢出效应，三是促进数据分享和官方统计数据的沟通。经过十年努力，“数据鸿沟倡议”取得了一些工作成果，如搭建了概念框架，提升了数据质量，包括扩大覆盖面、提高及时性、确保周期性。尽管如此，全球金融数据治理仍面临多方面挑战，尤其是一些关键数据，包括证券融资交易数据、证券统计数据、行业账户、国际投资头寸、国际银行业务统计数据、非银企业跨境头寸、公共部门债务数据、商业房地产价格指数等仍难以获取，削弱了国际机构预测和防范金融风险的能力。

2021年12月“数据鸿沟倡议”第二阶段工作宣告完成，但全球金融数据治理的工作才刚刚起步。随着金融数据化的加速演进，全球金融数据治理的目标和内容也发生明显变化。2022年二十国集团巴厘岛峰会上，成员国同意启动新的“数据鸿沟倡议”，并将未来五年的工作聚焦于四个方面，一是气候变化，二是家庭收入和财富的分布，三是金融科技和金融包容性，四是私人数据源和政府数据的可及性和数据分享。对此，不少成员国存在较多顾虑。二十国集团公报在肯定新“数据鸿沟倡议”目标

“宏大”的同时，也特别提醒“在实施过程中需将各国统计能力、优先事项和具体国情等因素考虑在内，同时避免在国际层面出现重复和叠加”。

挑战二：治理目标相互冲突

“金融数据治理”是与金融数据、数字金融和数字基础设施相关的一系列规则和原则的混合体系。它至少包含三方面内容：一是与金融数据的生产、获取、使用和流通相关的规则，二是有关数字金融的新兴规则倡议、战略和模式，三是更广义的数据治理规则。作为数据的一种，金融数据也必须遵守通用数据规则。然而，通用数据规则与金融治理目标的矛盾正在显现。

基于自身的竞争力、价值观和战略目标，不同经济体往往会在通用数据规则和金融治理目标发生冲突时进行不同的政策偏好选择。例如，拥有强大金融实力、科技实力和金融科技实力的美国，采取了一种以产权为基础的数据治理模式，其核心是允许通过契约的形式对数据权力加以约定。欧盟长期以来沦为美国的“互联网殖民地”，与美国存在“平台鸿沟”，为捍卫“数字主权”，欧盟从20世纪90年代起就高度重视数据隐私问题，并利用法定权利来限制合约对数据所有权和控制权让渡的约定。中国则采取了发展与安全并重的数据治理模式，一方面，中国制定《中华人民共和国数据安全法》《中华人民共和国个人信息保护法》

等法律，高度重视对个人信息和隐私的保护；另一方面，中国也强调数据是新兴的生产要素，应充分激发数据在提升生产率方面的巨大潜能。

各国在通用数据治理优先目标上的差异为全球金融合作和治理设置了新障碍。例如，反洗钱和反恐怖主义融资是全球金融治理的重要组成部分，其成功推进依赖相关金融数据的流动和共享。但是，欧盟对个人隐私的强调正迫使全球范围内对反洗钱、反恐怖主义融资工作机制的“合法性”进行反思。2019 年，欧洲数据保护监管局以欧洲刑警组织在处理收集到的非金融调查嫌疑人的个人数据时违反了欧盟规定为由，要求金融情报机构网络（FIU.net）停止运作，该网站由欧洲刑警组织负责运营，是欧盟成员国之间进行金融情报交换的核心工具。2021 年初，欧洲数据保护监管局以同样理由要求欧洲刑警组织删除没有犯罪记录的个人的海量数据库。此后，欧洲反洗钱监管机构将无法获取相关数据，而这一点对于其履行职责并同其他受监管机构分享数据而言非常重要。

未来，数据隐私风暴是否会外溢到美欧金融合作，特别是反洗钱、反恐怖主义融资合作，还有待观察，但不容置疑的是，在行业竞争、国家安全、地缘政治等多种因素的影响下，主要经济体的数据治理风格正在自我强化而非相互融合，这势必加剧全球金融治理的龟裂。

挑战三：金融数据空间割裂

近年来，随着世界政治经济多极化趋势的加剧，主要经济体在地缘经济和地缘政治方面的竞争日趋激烈。国家安全因素对各国内外政策的塑造和影响作用明显提升。这一点在数据治理领域也表现得非常明显，主要大国均将数据视为战略资源，并采取措施加强对数据的管控和治理，这集中体现在数据的地域化/本地化规定和域外管辖权等问题上。

例如，美国表面上提倡数据跨境自由流动，但在实践中却表现出两面性：一方面以国家安全为名禁止“重要数据”出境，另一方面以“长臂管辖”来扩张跨境数据治理权和执法权，迫使其他国家分享所谓“涉及美国国家安全”的“重要数据”。具体到金融领域，美国在地区和双边协定中大量植入禁止金融数据本地化的条款。例如，《美韩自由贸易协定》规定，缔约一方应当允许另一方的金融机构，出于正常业务范围的需要，将电子形式或其他形式的信息传输入境或出境，以对其进行数据处理。“美国-墨西哥-加拿大协定”明确规定禁止本地数据储存要求，并授权监管机构能“立刻、直接、完整、持续获得”对于金融监管而言“关键的”信息。

欧盟在数据治理上主要有三大核心考虑，一是聚焦个人权利和隐私；二是阻止数据集中在少数主导企业手中；三是捍卫数字主权，培育足够的技术能力以促进国内市场的增长。基于此，欧盟对内提倡数据自由流动以推动共同市场的完善，对外则以“充分性认定”原则协调安全性。具体到金融数据领域，欧盟一方面是“开放银行”的积极实践者和推动者，先后提出打造“开放银行”“开放金融”以及包括金融领域在内的“开放数据”空间，推动区域内数据自由流动和共享；另一方面，欧盟《通用数据保护条例》允许对个人数据自由流动进行立法限制，如成员国可在健康、金融服务或其他领域制定数据本地化措施，同时也对数据对外传输进行严格监管。值得关注的是，《通用数据保护条例》也含有“长臂管辖”规定。该法适用于境内外所有处理欧盟个人数据的企业。这意味着欧盟境外的外国企业只要与欧盟境内的个人数据产生某种关联，都可能受到该法的管辖。

在中国，《中华人民共和国网络安全法》《中华人民共和国数据安全法》《中华人民共和国个人信息保护法》构筑了数据跨境规则的法律框架，规定非经批准，境内的组织、个人不得向外国司法或者执法机构提供存储于境内的数据；转移到境外的个人信息的保护不应低于中国的保护标准等。具体到金融数据领域，《中华人民共和国个人信息保护法》明确将金融账户作为个人信息的重要组成部分；《中华人民共和国网络安全法》和《中华人民共和国数据安全法》都将金融数据视为重要行业及领域数据，因与国家安全、国计民生、公共利益密切相关，需要在网络安全等级保护制度的基础上，实施重点保护。近年来，中国政府陆续制定《个人金融信息保护技术规范》《金融数据安全 数据安全分级指南》，并对征信业、银行业、证券业、支付业金融数据出境安全问题进行规定。以《个人金融信息保护技术规范》为例，该规定明确提出，在中国境内提供金融产品或服务过程中收集和产生的个人金融信息，应在境内存储、处理和分析；金融数据可在满足法律法规、获得个人同意、开展安全评估、实现有效监督的基础上实现个人金融信息出境。

实际上，大多数国家在数据出境问题上都存在安全顾虑。各国普遍认识到，一旦涉及个人隐私、商业秘密和国家安全的数据被别国恶意获取和滥用，可能对国家政治、经济、社会的正常运行形成巨大冲击。尤其是 2013 年美国“棱镜门”事件曝光后，各国纷纷加强对跨境数据的监管。目前，全球有 130 多个国家和地区制定了数据保护法律，主要援引“保障国家安全”“维护公共道德或公共秩序”“保护个人隐私”“配合国内执法需要”等原因，对部分数据强制实施本地化规则。具体到金融数据，因其关系到个人隐私，属于受到更严密保护的“个人数据”，因此在跨境流动上面临更多法律限制。

小结

金融数据本地化正在成为一种国际潮流，其国家层面的驱动因素包括维护金融稳定、维护国家安全、强化竞争地位等。然而，对于高度全球化的国际金融市场而言，金融数据本地化有可能演化为一种不容忽视的结构性挑战，衍生出多重负面影响。对于跨国金融机构而言，一些国家对本国数据规则的域外使用会与其他国家的本地化要求发生直接冲突。这种规则冲突将增加跨境金融成本，降低跨境金融收益，推升国际金融合作环境的不确定性。从全球金融稳定、市场诚信和消费者保护等角度来看，这类规定也具有不可忽视的负面影响。数据地域化 / 本地化规则会冲击金融业，金融数据碎片化还会加剧数据鸿沟、监管盲点和套利等各种问题。对于将防范国际金融危机的爆发作为重要任务的全球金融治理而言，这无疑将进一步削弱国际危机防范、预警甚至救助机制的效用。

尽管国际社会已普遍意识到金融数据鸿沟、治理目标冲突、金融数据空间割裂可能对金融全球化乃至经济全球化产生的破坏性影响，但在地缘经济与地缘政治竞争日趋激化的背景下，国家层面的金融数据治理模式竞争愈演愈烈，国际层面的金融数据治理合作推进艰难。

参 考 文 献

1 陈静主编:《中国金融科技发展概览:创新与应用前沿(2021—2022)》,社会科学文献出版社 2022 年版。

2 北京金融科技产业联盟研创:《中国金融科技发展报告(2022)》,社会科学文献出版社 2022 年版。

3 Douglas W. Arner, Giuliano G. Castellano, Eriks K. Selga, "Financial Data Governance: The Datafication of Finance, the Rise of Open Banking and the End of the Data Centralization Paradigm," University of Hong Kong Faculty of Law Research Paper No. 2022/08, European Banking Institute Working Paper Series 2022, No. 117.

7

第七章 科技数据的危与机

数据与科技有着密不可分的纠葛。一方面，科学研究与技术研发需要数据支撑。不掌控相应的数据就很难从中孕育出最前沿的科技，这在今天新一轮科技革命与产业变革的时代里尤为明显。假若全球的数据被某些占主导地位的国家所掌控，那么其他国家的科技发展就必须依赖这个国家，使得对数据的掌控力成为国家在科技发展中是否受制于人的关键因素之一。另一方面，数据的存在又需要依赖科技手段。大数据时代，无论是数据的产生、传输和存储，还是分析、复制和销毁，都仰赖科学家研究出的科学算法与技术公司提供的技术产品。假若科技领域被某些占主导地位的国家的科技巨头所掌控，那么其势必可以获得掌控全球数据的能力。由此可见，数据与科技在安全领域的互动如同一个莫比乌斯环，一方的劣势将导致另一方也处于劣势，不仅使一国维护国家安全的能力被削弱，而且使国家无论在虚拟空间还是现实世界都处在相对不安全的状态。

正如科技一词有科学与技术两个方面，科技数据也由科学数据与技术数据两部分构成。但由于科学与技术之间相互转化的关系，二者又有着密不可分的联系。本文第一节将着重介绍科学数据领域的安全问题，第二节则将重点放在技术数据的产生者也就是科技巨头的安全影响上，第三节旨在以一系列事例展示当前科技数据治理的迫切需求，第四节从数据与科技这一互动系统的整体上，对科技数据的治理之道进行探讨和研析。

科学数据的机遇与挑战

没有数据就没有科学研究。1660年创会时起，英国皇家学会大厅中央悬挂的会徽上就镌刻着一句醒目的拉丁文：Nullius in verba，直译为“不信任何人的话”。这一座右铭的含义是，真正严谨的科学研究不应人云亦云，而应基于扎实的数据。

历史上，不乏借助严谨的数据分析取得重大科学发现的例子：英国化学家卡文迪许经过几百次实验和分析，发现空气中存在一百二十分之一的气体无法与任何化学物质反应，导致了惰性气体元素氩的发现。遗传学之父奥地利生物学家孟德尔经过八年对豌豆的杂交实验，最终发现了基因遗传的规律。揭示了行星运动三大定律的德国科学家开普勒之所以能够做出开创性的科学发现，依赖于其老师第谷・布拉赫对火星长达五十年的观测所获取的大量第一手的行星轨道精确数据。这种从无数的实验和观测数据中总结归纳出科学理论与发现的科研方法，被称作“开普勒范式”，至今仍是最基本的科研方法之一。可见，数据对于科学的发展有着不可或缺的作用。

无数的数据孤岛

尽管数据在科学领域的应用历史悠久，但真正从国家层面发现数据对科学研究的重要性则要推迟到20世纪下半叶。当时，为了在遍布全世界的科研机构之间传输和共享数据，美国国防部高级研究计划局前身美国高级研究计划署提出了“阿帕网”（ARPANET）的构想，于1969年底正式投入运营，并在随后的数十年里不断发展壮大，成为了今天联通全球的互联网。虽然互联网的出现解决了数据的传输和共享问题，但并没有理顺对数据的管理和规划。随着现代科学对于数据处理能力要求越来越高，人们开始提出新的问题，即如何使不同国家、不同机构、不同设备收集的数据之间标准统一，从而使任何国家、任何时代的研究者，都能访问过去任何时间用任何手段记录的数据，并利用这一数据优势进行科学研究。

今天习惯了使用手机上网的我们可能很难想象，为什么数据的标准化会困难重重。但对于科研人员来说，他们面对的数据是十分复杂多样的，有的甚至并不以数字形式进行存储。例如，美国土木工程管理局从1880年到1933年之间利用打孔机对约200万艘船只进行了打孔记录；美国国家天气记录中心在20世纪60年代就积攒了超4亿张打孔卡片，以至于其总重甚至威胁到了其存放建筑的稳定性。虽然计算机系统的发明令这个问题迎刃而解，但信息系统的更新速度如此之快，以至于大部分数据还没有达到其存储寿命的十分之一，就需要进行格式的转换和升级。否则，旧格式的数据就将化身数字时代的“打孔卡”，无法被任何新的数据处理系统所读取。

除去时间这种纵向维度的数据多样性问题外，横向维度的数据多样性问题也同样挑战重重，部分因为市面上海量数据格式的存在。根据创立于美国的在线数字文件预览服务FILExt网站公布的数据，其网站上登记注册的常用数据格式多达51627种，并且仍在逐年加速增长中；未登记注册的自定义数据格式更是难以尽数统计，有专家认为可能在数百万种之多。由于当前的计算机网络基本沿用了早期计算机系统中格外强调可编程自定义的特点，数据格式亦可由程序员自行定义，并没有对数据格式的数量和种类提出任何要求，也没有任何程度的规划和管理，这既带来了互联网技术的繁荣，使初创企业不断在这一领域涌现，也带来了文件格式泛滥成灾的副作用。在当今的大数据时代，由于每一种文件格式都需要安装相应的软件才能够被打开和浏览，这就使数据的版图并不像我们想象的是一块统一的大陆，而是在无数种不同类型的数据之间形成的一个个孤岛，彼此之间难以兼容。尤其在科学数据方面，即使是许多主流数据格式也显得“曲高和寡”，很难像商业数据的格式那样形成规模效应，其被淘汰也就变得十分迅速。而在这种数据格式中所包含的可能对后世研究十分有价值的数据，就这样随着数据格式的淘汰失去读取的手段，最终“失传”。

愈发昂贵的科研

数据格式种类繁多并非科学数据领域的唯一困扰，更难以解决的则是数据处理成本的急剧攀升与科研的非营利属性之间的矛盾，这是造成我们今天科学研究愈发昂贵的症结之一。今天的科研已经陷入重度的“数据依赖症”，每个前沿领域的科研成果背后，都是大量的数据存储与运算在支撑。2020 年 11 月，一篇来自弗吉尼亚理工大学的论文研究了过去 60 场人工智能顶级学术会议的 17 万份论文，发现自 2012 年以来，大型技术公司和精英大学的人工智能论文数量不断攀升，而规模较小的公司与排名靠后的研究机构的人工智能论文数量则逐年减少。而据《大科学中的大数据挑战》一文的作者安德烈亚斯·海斯介绍，建成于 2008 年的瑞士日内瓦大型强子对撞机（Large Hadron Collider，LHC），每年都要产生约 1 艾字节的数据，可以装满 10 万个 1TB 容量的 3.5 寸硬盘。而即将于 2024 年完工，旨在寻找太阳系外宜居行星的国际大科学工程平方公里阵列射电望远镜项目，预计每年产生的数据将达 LHC 的 3000 倍以上。据美国媒体报道，当前被认为最为领先、最接近（超越）人类智慧的人工智能 ChatGPT，其所需的数据是如此庞大，以至于光是训练一次就要花费数千万美元。

如此大量的数据势必需要大规模的云存储与计算中心的支持，但科学数据的非营利性使得研究人员无法向他们的商业同行那样利用数据来进行获利。同时，并非每个研究项目都有足够的无条件经费可以用来租用愈发昂贵的云存储与云计算服务。根据美国信息技术咨询公司顾能（Gatner）的报告，2022年全球云服务投资总额达5440亿美元，比去年增长21%。而到2025年，这一数字将进一步增至9170亿美元，届时全球科技公司花费在云服务上的支出将超过运营实体公司的所有支出。受近年来仍在持续的“芯片荒”以及与芯片相关的美对华限制政策影响，包括三星、台积电等公司都不约而同下调产能，势必推动芯片价格进一步上涨。这一成本增量传导给下游的云服务行业可能尚需一两年时间，故而预计未来云服务价格仍将进一步攀升。昂贵的数据云服务与科研对数据和计算的刚需相互作用的结果，就是使包括我国在内的许多发展中国家的研究人员难以负担其支出，使前沿科学研究成为富国与国家顶尖机构的专利和特权。考虑到科学发现往往是群策群力的结果，这对于我国的工业、产业与技术升级换代，突破美对我核心技术的封锁十分不利。

攸关国家安全

科学数据中亦包含着许多与国家安全直接相关的数据。例如，人类基因数据就是一种十分重要的战略性资源。20世纪90年代，当许多国家对人类遗传资源了解未深时，美国就已经在全世界范围内展开人类遗传基因的大规模收集和研究。斯坦福大学法律与生物科学中心非常驻研究员多夫·格林鲍姆就曾在博客中透露，美国那些常驻国外的外交官，除了外交工作外，很多人往往还担负着采集当地人 DNA 信息的任务。而我国也理所当然的成为了美国收集基因数据的重点对象。早在 1997 年底，某留美学者在美国杜克大学资助下采集了中国 20 多个省、市和自治区超过万名高龄老人血样。最终我国政府出于国家安全考虑，封存并禁止了这些样本的出境。这是由于基因数据的泄露，往往给利用基因编辑技术制造病毒生物武器带来可乘之机。而最近的例子如 2021 年 11 月，国家安全部在《中华人民共和国反间谍法》实施七周年之际公布了通过海洋数据窃取我军事机密的案例，某境外非政府组织打着“监测海洋垃圾”的旗号，设置了 22 个临近我海军军事目标的“监测点”，已对我海上军事安全构成现实威胁。其收集的经纬度、环境、地质、海洋流量等信息，极易被境外军事情报机构利用，对我造成潜在威胁。同时，该组织还刻意选取我海岸线垃圾较多的地点，与美国、澳大利亚海岸线垃圾较少的地点进行对比，发布夸大污蔑我海洋环境问题的“调查报告”，给西方媒体操纵反华舆论提供素材。凡此种种，都充分说明了维护科学数据的安全对于维护国家安全的重要性。

对此，我们不能仅仅以查办个案的方式予以回击，而应当借助技术与情报专家之力，从国家安全的宏观角度，全面摸排科学数据国际共享与窃取泄露可能涉及的国家安全风险，并制定全面、有约束力、覆盖广泛的科学数据国家安全风险动态管理机制。唯其如此，才能切实在科学数据领域扎牢国家安全篱笆，阻止攸关我国家安全的数据外流泄露。

综上所述，科学数据的机遇与挑战并存，且影响力并不局限于科学领域，对国家的数据安全与科技安全，乃至国家安全整体都有着深远影响。对此我们应当抓住机遇，长远谋划，以科学数据标准化为支点，统筹发展和安全，向着构建独立自主、安全可控、自由开放的科学数据治理体系的目标不断迈进。

呼风唤雨的技术巨头

说完“科技”中的“科”之后，让我们再把目光转向“技”，即互联网技术巨头。自从进入工业时代以来，人类历史上诞生过无数的技术巨头，它们横跨科学、技术与商业三大领域，将触角伸向全球，掌控某一项甚至多项国家与民众所依赖的基础技术，不仅自身赚得盆满钵满，还借此获得了一定的政治资源甚至一部分国家权力。自从互联网诞生以后，在这一领域萌发出的技术巨头进一步获得了互联网全球联通的特性加持，前所未有地改变了商业公司相对于主权国家的强弱地位，成为在全世界范围内“呼风唤雨”的存在。美国政治新闻网站 Politico 在 2021 年进行了一项针对 1500 名“GAFA”（即谷歌、苹果、脸书、亚马逊的合称）

在职员工与前员工的问卷调查，显示有77%的人认为这四家公司的权力过大，16%的人持中性态度，只有7%的人持反对意见。

技术巨头的数据垄断

考察具有这种特性的技术巨头，我们会发现它们之所以能够成为巨头，所依赖的正是对某一个或多个领域的数据垄断：以亚马逊为例，2020年亚马逊金牌会员服务的帐户数超过1.18亿，而美国的家庭总数为1.29亿，亚马逊在美国的家庭渗透率已经接近百分之百。作为一个网络零售平台，亚马逊一方面几乎包揽了美国以及世界上大多数地区的商品的价格信息；另一方面，全球数十亿用户在线浏览商品的浏览记录数据，也被亚马逊平台收入囊中。一方面几乎垄断所有买方数据，一方面几乎垄断所有卖方数据，亚马逊得以借助前所未有的非对称"数据优势"，包揽近乎全球的零售业。2002年，亚马逊进入财富世界500强排行榜时排名第492位，仅仅二十年后的2022年，亚马逊已经成为排名第二的商业巨擘，预计将在2024年超越沃尔玛，排名第一。而据有关机构统计，在亚马逊成长起来的这二十年里，美国失去了超过十万家本地独立零售企业——它们都成为了为亚马逊打工的下游商家。

更让人担忧的，则是美国互联网巨头不仅是数据的处理者，而且是数据的保存者，还愈发向着垄断全球数据存储的方向迈进。

假若以金钱来类比数据，那么垄断了数据存储的互联网巨头就像某个公司既是企业，又是银行，不仅自身在某一领域内进行商业竞争，还给该领域内的其他企业贷款。根据网络服务调查机构 HostingFacts 在 2021 年的调查，全世界网站数据中的大多数集中在全球的十六个巨型数据中心内，其中八个位于美国，四个位于中国，三个位于欧洲，一个位于日本。而在这些巨型数据中心中，由互联网巨头全权拥有的占四分之一。这就意味着，当大多数主权国家甚至没有自己独立的数据中心时，互联网巨头已经拥有他们自己独立的数据中心。而数据中心仅仅是数据存储的底层硬件部分，其软件部分也就是云服务领域的垄断更为严重。根据研究机构 Synergy Research Group 在 2022 年第三季度进行的调查，全球云服务领域中，亚马逊、微软、谷歌三家的市场占有率分别为 34%、21% 与 11%，三家合计已达全球的三分之二。前八位中来自中国的仅有阿里巴巴和腾讯两家，且市场占有率合计仅占全球 7%，从规模上与美国的互联网巨头存在近十倍的差距。这与我们通常认为的中美两国间数据实力和禀赋基本相当的认知存在重大出入。在人类社会不断由信息社会迈向智能社会的当下，云服务的规模攸关人工智能竞争态势。同样算法下，谁拥有更大规模的数据云，谁就能在开发人工智能上领先一步，最终可能使人工智能竞赛成为一场“赢者通吃”的游戏。这或许就是互联网巨头对投资数据中心建设如此热衷的原因所在。

数据垄断阻碍创新

美国互联网巨头数据垄断的影响并不仅局限于数据领域本身，其也给全球商业与创新领域带来负面效应。2022 年 9 月，美国加州的总检察长对亚马逊提出了反垄断诉讼，指出了亚马逊存在的种种新型垄断行为。一方面，亚马逊在各个领域都会扶持由其自身资助的官方品牌，利用深入分析该领域竞品的买卖双方数据，以最优惠的价格与最贴心的功能战胜零售业所有其他对手。与此同时，亚马逊还强迫商家只能给该平台以更优惠的价格，否则便会施以“数据限流”等惩罚措施。另一方面，亚马逊在对卖方展示不同商品的价格时同样存在“歧视”现象，即所谓的“大数据杀熟”。一个功能、寿命等技术指标相差无几的商品，仅仅由于外观的些许不同，针对不同收入阶层的用户进行推送，就能卖出高低不同的价格，而买方往往对此浑然不觉。由于亚马逊垄断了买卖双方的数据，从而使双方都形成了对亚马逊的依赖。买卖双方若不顺从亚马逊定下的规则，就将面临惩罚，或从被亚马逊垄断的数据体系里排除出去的后果。故此，几乎没有个人或企业愿意冒着得罪亚马逊的风险对其发起法律诉讼，而结果就是双方交易中产生的利润大头被亚马逊收入囊中。2021 年 8 月，美国联邦贸易委员会对脸书的反垄断指控中，也详细阐述了脸书利用“收购或埋葬”的威胁性竞争行为。控诉指出，脸书在一些社交网络创新型应用尚在发展初期时，利用自身掌握的用户资源将其吸引到脸书的开发者平台，意在监视其商业模式成功与否；一旦脸书发现社交网络创新威胁到脸书的地位，就会切断一切用户数据的支持。这为我们提供了一个清晰的写照，即科技公司如何通过对数据的垄断给自身带来超额商业利益，并使原本自由买卖的交易双方都对其产生依赖。

数据垄断操纵舆论

美国科技公司对数据的垄断还会导致对媒体和舆论的渗透乃至操纵，同样会对国家安全产生负面作用。截至 2022 年第三季度，脸书在全球范围内已经拥有 29.6 亿用户。根据英国咨询公司 Tech Monitor（技术监测网）提供的数据，谷歌与脸书分别触达 98% 与 88% 的英国公民，明显高于英国广播公司。由于二者都允许发布政治广告，使得这种政治影响力得以触达几乎每一个英国人。2016 年的英国脱欧公投中，脱欧派组织 Vote Leave 的竞选顾问多米尼克·卡明斯就是借助了谷歌、脸书等社交媒体的数据，建立了一个包含 1700 万英国选民脱欧倾向的数据库，通过分析这些数据来精准制定竞选策略和口号，最终击败了留欧派。美国互联网巨头这种对全球用户的触达程度超越传统主流媒体，也因此获得了左右各国舆论的力量，其可以分析这些数据并利用个性化广告推送，改变各国民众对某一事物乃至某一国家、民族的态度。据西方媒体介绍，分析一个人在脸书上的 68 个赞即可准确判断或预测一个美国人的肤色、性取向和党派倾向，而若能分析 300 个以上的赞就可以比他本人更了解他自己。至于影响一个人对某事某物的态度，则需要利用用户的性格特征进行更为精细化的操纵。以在美国“反对禁枪”为例，若该用户警惕心强，可以将一则入室抢劫者的新闻推送给他，使其产生“需要拥枪自卫”的念头；而若该用户性情平和，可以将一张父亲带儿子在夕阳下一起射野鸭的老照片推送给他，从而使其产生“拥枪是美国传统”的想法。这仅仅是十分初步的手段，实际的舆论操纵手段则更为复杂，但其效果无一例外是显著的。如 2022 年俄乌冲突中，美国互联网巨头迎合美政府叙事，综合利用各种舆论操纵手段在互联网空间制造排俄舆论，甚至主动推动形成针对整个俄罗斯人群体的“网络暴力”。相关行动如同一场“压力测试”，展示出互联网巨头的舆论影响力，已经达到能够在网络空间压倒俄罗斯这样一个主权国家的程度。

互联网巨头借助随意操纵数据流大小的能力，还能够在很大程度上左右网络上“什么是热点舆论”“哪些问题值得关注”，使舆论的风向在舆论形成的初期就被固定下来，并以相同的模式不断放大。譬如，2019 年 6 月香港“修例风波”爆发以来，谷歌、脸书、推特、油管等互联网社交平台与美国主流媒体密切合作，炒作“修例风波”的贴文在社交网络上迅速扩散，只要是鼓吹香港市民“反抗内地”的帖子，都得到这些社交媒体的数据流量资源加持，在相当长一段时间维持较高的曝光度。但 2021 年美国国会山暴乱发生后，这些互联网社交平台上的相关数据却出现截然相反的走向：有关攻占国会的帖子被限制数据流量，甚至帖子被删除、账号被停用，导致一些关注此事的用户只能从 Parler 等非主流社交网络平台上跟踪相关消息。这仅仅是较为直接的通过数据操纵舆论的案例，亚马逊等电商类网站则通过操纵图书、影音作品的搜索结果、评分数据、票房数据等手段，利用大多数西方网民的从众心理，强推反华叙事与虚假信息，操纵全球民众的对华认知，而“认知战”正是美国情报机构危害我国家安全的重要手段之一。民众一旦在认知层面受到影响，背离基本事实，转而接受针对中国精心构筑的一套由虚假信息与偏见叙事所构成的反华认知体系，就会变得对此深信不疑，失去接受客观事实的能力。

美国互联网巨头对全球数据的垄断与操纵，其影响之广、程度之深，即使综观整个人类历史，也前所未有。这对于在数据领域维护我们的国家安全而言，带来的不是福音，而是警钟长鸣。

刻不容缓的治理需求

2020 年 7 月，我国公布了《中华人民共和国数据安全法》草案，将数据安全由企业与个人利益上升到国家安全与国家利益的高度，充分体现了党中央对于数据安全重要性的深度理解和高度关注。在该法中，我们首次定义了数据分级分类保护、数据处理者、数据出境、数据出口管制以及政府数据提供请求等一系列与数据安全保护相关的法律基础体系，为今后在数据安全保护领域出台更进一步的管理细则奠定了基础。而国际上，已有 137 个国家出台了和数据安全与隐私保护相关的法律法规，其中更以欧盟、日本、新加坡等的数据安全保护制度相对更为完善。但相对于数据科技领域的发展速度而言，法律制度始终显得有些滞后。

数据治理的缺失使“人无隐私”

智能设备的出现，已经从根本上模糊了传统法律中“私密空间”的概念，使今天的公民隐私在不知不觉间一步步丧失殆尽。在桌面电脑的时代，数据采集的唯一工具就是网络浏览器中的Cookie，即缓存数据，其会以文本文件的形式记录我们每天用浏览器访问的网址、登录的用户名和密码，以及手机号、身份证号等个人信息。但随着智能设备的不断发展，被这些设备采集到的信息也越来越多，种类也越来越丰富，甚至达到我们自己都难以想象的地步。

例如，由于近年来人工智能领域中自然语言处理技术的发展，许多智能手机中的小程序都加入了语音输入功能，方便用户直接以说话代替打字向智能手机中输入搜索关键词，以及人工智能语音助手等更为先进的语音交互功能。然而，这些小程序中的大部分会利用其获取的话筒数据权限，在用户并未使用该程序时“偷听”你的谈话，利用其分析你的喜好与需求，且无一例外的不会向用户明确声明这一点。而当用户通过法律手段采取维权措施时，却很难提供有效的证据，这是由于智能手机小程序所收集的数据存储在其后台服务器上，对于用户而言是无法获取的。而“边缘计算”（一种旨在利用用户手里的终端设备的存算资源进行数据处理的技术）等一系列更为前沿的数据科技的兴起进一步加剧了这种证据上的不透明，因为其赋予了这些小程序无需实际存储任何数据就可以对其进行运算分析的能力。在此情况下，若不对该程序的源代码进行查验，即使专业人士也很难找出智能设备“偷听”的证据。但在没有足够证据的情况下，法律裁判机构又很难申请到对属于商业机密的源代码进行检视的权力。

智能设备攫取数据的手段不仅越来越隐秘，而且越来越向我们身体的内部逼近。近年来，随着网络上“健身”“养生”热潮的兴起，市面上出现了越来越多的“手环”“手表”等智能可穿戴设备，可以实时监测人的心率、步数、体脂率、睡眠时间等身体指标。一些主打高科技的医疗科技企业还在大力推广植入式生物芯片，24 小时不间断监测血液指标。这些数据对于科技企业而言无一例外会转化为有商业价值的数据。而未来随着脑机接口等更新一代人机交互技术的普及，就连我们个人隐私数据最后的防线——大脑，也不再是安全的：脑机接口将在人自身毫不知情的情况下捕获我们的脑电波，并将其转化为数据，反之亦然。可见，数据科技发展的终极图景，就是使人不断地数据化，而谁控制了全人类的数据，谁就反过来拥有了控制全人类的能力。

数据的无孔不入使“国无秘密”

智能设备的出现，也在一步步蚕食数据领域的国家安全利益，使国家陷入“无秘可保”的危险境地。例如，滴滴研究院于 2015 年发布的研究报告中公布了我国务院二十多个部委的工作人员的出行数据并将其公开发布。相关数据涉及各部委加班情况、进出时间规律等。显然，其后台所掌握的数据远不止于此。若将这些看似普通的出行打车数据与发生国内国际重大事件联系起来，足以令专业的间谍机构甚至非专业的业余人士分析出我内政外交的相关情况。

不只是打车应用，健身应用也可能导致国家机密数据的泄露。2018 年，健身社交应用软件 Strava 公布了一张全球健身爱好者的跑步轨迹“热点图”。在地图上，阿富汗、吉布提、叙利亚和美国国内的军事基地全都清晰可见，就连内部的道路如何联通都看得一清二楚。英媒《卫报》在评论该事件时就指出，在阿富汗、吉布提和叙利亚等地，Strava 的用户似乎全是外国军事人员，这意味着基地很显眼。例如，在阿富汗的赫尔曼德省，前方作战基地的位置清晰可见，在黑色地图的衬托下呈白色。英国广播公司亦指出，尽管一些军事基地的位置是众所周知的，但热点图可以显示其中哪一个是士兵走路最常用的路线，这使得这些热点图的泄露明显带有泄露军事行动秘密的性质。当然，该事件中被曝光的并不只有美军基地，世界各国甚至包括我国南海的军事基地也同样被记录。尽管并非所有健身应用都会对外发布全球范围的热点图，但并不能改变这些数据存在于网络服务器上的事实，如若遭到网络攻击，同样会使数据落入美西方情报机构之手。

大数据时代保守国家秘密的困难性，已经在 2022 年的俄乌冲突中得到了十分清晰的展示。早在俄军进攻半年前，俄军的部署就已经被美西方卫星图像公司 Maxar 发现，它察觉俄乌边境的一处原本空无一物的废弃军事设施停车场在短时间内多出了近 350 辆俄军军车。在过去，这样的动作当然很难被发现，但在谷歌地图等卫星实景地图导航服务普及的今天，商业卫星公司几乎每隔一个月甚至一周就要将全球的地形地貌拍摄一遍，以满足不断变更的道路条件下的导航需求。短视频社交应用亦可能带来泄密。俄乌冲突开始后，有西方媒体报道称，早在半年前，就有俄罗斯女网民将其当兵的男友要“离开六到九个月去白俄罗斯集训”的留言发布于抖音海外版 TikTok 上，一些军事设施内俄军士兵进行锻炼的视频，更是频频出现在网络上。更为尴尬的则是路网数据带来的泄密。在俄军行动前的几小时，谷歌地图凌晨三点在俄乌边境俄方领土上显示出“堵车”的红色标志。西方媒体就此跟进报道，发现由于俄军装甲部队集结在路上，阻碍了少数平民车辆在夜间的通行，而他们的智能手机正在向谷歌服务器发送位置数据，从而使俄军行动被提前暴露。当俄军行动开始后，他们又发现乌克兰境内大大小小的网络摄像头成了军事行动的阻碍：俄军的数量、装备的型号被沿途这些网络摄像头拍摄得一览无余，而一旦挨个将其找出拆除，又会严重阻碍军事行动的推进速度。俄军在乌克兰遭遇的这一系列面对美西方数据科技“水土不服”的事件，生动地展示了国家机器在面对当今大数据技术的无孔不入时的无奈。若不能理顺主权国家与数据平台的关系，使国家与政府的行动在现实世界和数据空间实现联动效应，势必使国家秘密不断丧失，国家安全不断受损。

科技数据的治理之道

从这些数据泄露国家机密的实例中，我们可以清楚地看到，对科技数据的治理已经到了刻不容缓的时候。我国需要一整套数据安全管理机制，在不影响广大工作内容涉及国家秘密的政府与企事业单位工作人员同其他正常人一样使用互联网科技的前提下，以互联网企业能够接受的方式，来使我国的互联网数据“脱密”，将涉及国家机密的数据进行妥善管理，避免类似的情况导致国家秘密的泄露或国家行动的失败。但与此同时，国家亦不能过度介入数字经济本身，以免自身权力过大成为阻碍数字经济活力与数据产业技术发展迭代的因素。这同样不利于数据安全的维护，因为会导致监管更松弛的美西方互联网巨头获得数据科技上的发展优势。对数据安全的治理，需要在国家、企业与民众三者之间“走钢丝”，在三方都能接受的前提下，使三方的权利得到有效的维护。

以新理念新规则统筹技术数据发展和安全

对此，部分国外学者从学术研究的角度也看到了数据安全治理的必要性，部分因为这不仅是我国面临的问题，也是全球各国存在一定共性的问题。总结近年来国际上在数据安全领域流行的一些如何治理技术数据的观点看法，有一些值得我们借鉴与尝试。

一是建立为公共利益服务的“数据中介”。“数据中介”一词的正式来源是欧盟 2022 年 6 月新出台的《数据治理法案》，但此前在新加坡的个人数据保护法案、英国的数据安全战略中亦有提及。纵观国际上的数据规则制定，各国普遍承认民众作为数据的产生者，对自己所产生的数据应当拥有控制权，对由其数据所产生的经济价值应当拥有参与分配的权利。但美西方所定义的“数据中介”本质仍属商业机构，因而其实际上仍很难摆脱互联网巨头在数据领域的商业影响力，这是美西方的“数据中介”概念的最大矛盾所在。由于民众的个人信息保护问题主要是在民众与企业之间，因而最公平的第三方实际上是政府。政府可以建立一个面向普通民众的数据查询平台，以打破“信息不对称”为抓手帮助民众向企业维权。由于法律对于处理大量个人信息的企业有相应的安全管理需求，企业自然必须遵守规则与政府进行信息共享。而政府则将是否向企业发起法律维权的判断交由民众自身，将数据收集是否合法的裁定交由法律机构，从而使自身对互联网企业经营的介入维持在较低水平。同时，建立为公共利益服务的

“数据中介”还能有效组织互联网巨头借把持数据流量与出入口进行不正当竞争的可能性，使互联网平台真正保持平等、公平服务大众的作用。

二是在数据领域引入公共信托机制。公共信托是一种主要用于对公园、河流、湖泊、水源等公地与公共资源进行管理的法律机制。历史上不乏政府利用公共信托阻止公共资源被私营企业非法侵占的案例。1892 年，美国伊利诺伊州的立法机构试图促成一项将芝加哥公园附近的湖岸出售给铁路公司的土地交易，但随后这片土地被发现是由公共信托持有的。这意味着这片土地的权利理应属于广大公众，而国家作为公共权利的受托人，有权依照民众的意愿阻止这种非法的占有。最终，美国最高法院介入并撤销了这项交易。在科技数据领域引入公共信托的意义在于，这种法律机制很好的将数据的所有权与使用权进行了区分，既保护了民众对个人数据的支配权利，又兼顾了企业利用挖掘数据进行商业活动的合理需求。此外，公共信托机制的引入也有利于在数据产生的初期区分公开数据与私密数据，并对二者适用不同的法律标准。由于公共信托机制仅对私密数据起作用，民众在进行公共信托时势必需要对所托内容进行检视，这就使得民众有机会接触到自身有哪些数据将会被委托给机构进行处理，从而使其能够监督自身数据的使用情况。同时，数据的公共信托还有利于政府对涉及国家秘密与国家安全的数据进行及时发现和处理。例如前文提到的滴滴打车事件中，政府可以将自身掌握的政府雇员名单与数据的公共信托名单进行比对，及时责令企业将可能涉及国家秘密的账户所产生的数据采用更高的标准进行管理，如禁止公开、禁止交易、禁止出境等等，从而做到防患于未然。

三是从法律上定义和规制科技数据领域中的不正当竞争行为。在过去，垄断作为一种受到各国监管机构普遍关注的有害商业行为在一定程度上得到了遏制。然而，互联网行业、数据产业内仍然存在许多的不良竞争行为，不同程度阻碍了创新和进步。例如，前文提到的亚马逊“数据限流”“歧视性定价”以及“二选一”等，就属于借助已经取得的电子商务领域主导地位打击后来竞争者的不正当竞争行为。而正当的竞争行为理应通过提高客户端的便捷性、商品信息的全面性、需求分析的准确性等来提升自身服务的质量和效率。如若企业处于激烈的商业竞争需要无法自觉做到这一点，政府就应当像拳击台上的裁判一样，发挥在关键时刻阻止恶性竞争以使竞争恢复公平的目的。与此同时，对于一些企业在追求商业利益最大化过程中对国家利益与公共利益带来损害的商业竞争行为，例如虚假账号、虚假流量、自动转发、数据锁定等涉嫌扭曲和操纵互联网数据和舆论的行为，应当依法予以严厉打击，从而更好维护科技数据领域的公平公正，使我国的数据产业与技术朝着更加健康有序的方向发展。

以开放科学云赋能科学数据体系构建

在应对本章第一节科学数据领域的挑战方面，欧洲的应对方式或许能够给我们一些启发。2020 年 7 月，作为欧洲产业与技术升级计划的领头羊，“地平线欧洲”计划宣布将“欧洲开放科学云”项目纳入 2021—2027 年计划的一部分，初始投资 3.2 亿欧元。“欧洲开放科学云”项目的思路是，由政府出资建立科研所需的云存储、云计算基础设施，通过完善的数据管理与共享机制，尽可能降低每一位科研人员的数据服务成本，同时也使科研活动中产生的数据尽可能为更多人所用，促进“数据公平”。乍一看似乎是平平无奇的解决方法，但实际上其对科研的影响远远超过“降低数据服务成本”这一明面上的目的和初衷。

首先，开放科学云的存在，改变了过去“谁研究谁收集、谁研究谁处理”的科研惯例，使科研人员从繁重的数据处理任务中解放出来，专注于阐发科学规律本身。专业的数据库制作机构和专业数据采集人员得以介入，以比科研人员自身更高效、成本更低的方式将所需的数据收集起来，并在科研人员提出需求时进行数据的后台运算或新数据的采集。科研人员只需关注如何利用这些数据对科学规律进行阐发，大大减少了其过往在数据的收集和运算上花费的繁重劳动量与浪费的时间。

其次，开放科学云将使各地不同研发团队的科研人员能够紧密配合、良性竞争。一个科研团队的组建中最重要的，莫过于找到理念契合的同伴。在过去，这样的科研人员往往来自五湖四海，来自不同领域，进行联合研究存在困难。有了开放科学云后，科研人员无论身在何处都能够访问相同的数据并进行研究上的协同配合，大大方便了交叉研究与跨域研究。同时，开放科学云亦打破了过去“通过垄断科学数据来垄断科研成果”的不良做法，使研究同一问题的不同科研团队站在同样的起跑线上，让聪明的头脑而不是资源和地位决定能否取得更优秀的科研成果，促进科研队伍的良性竞争与优胜劣汰。

最后，开放科学云将大大促进数据标准化，对全球科学数据甚至整个大数据领域产生“示范效应”与“虹吸效应”。一方面，实现数据云共享的第一步即是标准化，来自不同领域、不同国家、不同机构、不同设备的数据需要实现数据的结构化统一。这势必要建立一套高效的、可操作的、基于实际的、门类与功能齐全的科学数据标准化体系。其结果是，一旦这种体系在实践中被证明是有生命力的，则将得到广泛的传播和使用，从而具备成为新的全球数据标准的潜质。另一方面，功能齐全的大数据库还具有“虹吸效应”，即在自由流动的前提下，对比两个不同的数据库，数据总是倾向于朝着其中规模更大、更标准化、更加易用的数据库聚合的现象。科学数据看似仅限于科学领域，但其包含的数据范畴十分广阔。无论是经济商业、历史文化、社会活动还是人的言论等一切研究人员可能感兴趣的数据，都可以成为科研人员研究的对象。故而，开放科学云的未来可能成为一个包含所有数据的、高度标准化与共享化的数据云。相比当前彼此之间存在无数孤岛和壁垒的数据云，二者之间将不可同日而语。这一过程中势必会出现激烈的国家间博弈。谁能够率先建立一套新的科学数据开放共享的标准体系，对于科学数据的产生、维护和治理下足够大的功夫，谁就有可能引领未来的全球科学数据云，进而借此掌控全人类知识的出处、定义和来源。由此伴生的，将是对整个人类社会前所未有的广泛而深刻的话语权和影响力。

以上这些理念并不是完美的，其能否在历史文化与治理传统截然不同的中国落地生根仍不确定，未来也势必会出现更为进步的后来者，但在当前仍不啻为一种可资借鉴的科技数据治理理念。

小结

当前，科技数据的治理需求刻不容缓，种种安全缺失的现象触目惊心。ChatGPT 等人工智能通用大模型的出现，更使数据对当前科技发展的驱动效应充分显现出来。但正如在本章第一节中所指出的那样，数据必须流动和聚合才能发挥价值，期望仅通过保护主义措施来维护数据安全同样无法带来好的结果。为此需要我们进行长远谋划，大胆创新，在科技数据领域建成一套更适用于中国的有关发展、安全和治理的理念与规则体系。在今后的科技数据治理当中，我们既应开放包容、发挥数据科技的巨大潜力，又应坚守底线、做好科技数据安全的维护塑造。治理好科技大数据，需要大格局与大智慧。

参 考 文 献

1 戴国强、赵志耘主编:《科技大数据:因你而改变》,科学技术文献出版社 2018 年版。

2 Matin Moore, Damian Tambini, "Digital Dominance: The Power of Google, Amazon, Facebook, and Apple," Oxford University Press, 2018.

3 [美] 爱德华·斯诺登著,萧美惠、郑胜得译:《永久记录》,民主与建设出版社 2019 年版。

4 张莉主编,中国电子信息产业发展研究院编著:《数据治理与数据安全》,人民邮电出版社 2019 年版。

5 Robert Seiner, "Non-Invasive Data Governance: The Path of Least Resistance and Greatest Success," Technics Publications, 2014.

8

第八章

数字时代的情报攻防

自古以来，数据就在情报攻防中扮演重要角色。据《孙子算经》记载，中国古代军事家孙子对己方士兵人数等数据严加防护。在清点人数时，不准士兵逐一报数，而是让全体士兵报数三遍，第一遍报数时，士兵从1到3循环报数；第二遍报数时，士兵从1到5循环报数；第三遍报数时，士兵从1到7循环报数。这样，敌人的间谍只知道孙子的士兵总数除以3、5、7的余数，却不知道孙子的士兵的总数，而只有掌握“中国剩余定理”的孙子能根据这些余数计算出士兵总数。这可能是历史上最早的“以数据为中心”的情报攻防。

历朝历代，均不乏在数据上做文章的情报攻防。秦汉时期“韩信点兵”的故事是孙子点兵的翻版，诸葛亮上演“空城计”，也摆出士兵总数很多的架势最终吓退敌军。面对攻防双方数据上频繁“造假”，唐宋时期发明了“瓮听”“地听”等技术手段，能够“遥感”敌军数量等数据信息。直至清末，太平天国起义时依然在沿用这些数据驱动的情报攻防手段。甚至到解放战争时期，一些重要情报依然有赖于知晓士兵总数。1947 年孟良崮战役后，华东野战军发现所歼敌数与国民党军编制数相差很大，立即围剿国民党残部方竟全功。

数千年来，仅仅围绕士兵数据，人们就发明了数不胜数的情报攻防手段。在数据时代，各类数据层出不穷，搜集数据的方法不断创新，无论是“大人物”还是“小人物”都卷入其中，部分民间人士、机构甚至主动参与情报攻防手段创新，一面发掘可用于情报攻防的数据，一面创新可用于情报攻防的手段，丰富的数据与新型情报手段相互促进，数据时代的情报攻防迎来创新发展高潮。

无处遁形的“大人物”

数字时代，一个人可以足不出户、切断人际往来，消失在人们的视野内，不见于地面、空中的照相机、摄像头中，但仍会留下数据痕迹。这些数据痕迹，成为数字时代情报攻防的新来源，突破了以往情报攻防手段的限制。在搜捕“基地”组织首领本·拉登、袭击伊朗高级将领卡西姆·苏莱曼尼等任务中，数字时代以数据为中心的情报攻防手段，发挥了重要作用。

三种情报手段的碰撞

2001 年 10 月，美国在阿富汗战场击败本·拉登后，美国情报部门对本·拉登的搜捕正式开始。谁也没有想到，这场搜捕竟会历时十年之久。也正是在这场搜捕中，美国长期倚重的人力情报和高科技情报手段均铩羽而归，最终由数据情报手段完成关键任务，成为数字时代名副其实的重要情报手段。

相比当时名不见经传的数据情报手段，美国拥有的人力情报手段和高科技情报手段早已威名赫赫。在与苏联的较量中，这两类情报手段都取得了巨大成功。冷战以来，人力和高科技情报攻防手段曾取得巨大成功，在 1962 年的古巴导弹危机中，美国情报部门运用间谍卫星第一时间发现苏联在古巴部署导弹的行动，中央情报局也早在苏联总参谋部埋下了间谍潘可夫斯基上校，及时传递出了“苏联政府不愿与美国发生正面冲突”的消息，在美国先手武装封锁古巴的决策中发挥了重要作用。但人力与科技情报手段经多年努力，均未提供本·拉登藏身之处的关键线索。

传统情报手段铩羽而归

人力情报手段不但没有建树，反而招致重大伤亡。2001 年 10 月，搜捕本·拉登行动开始后，美国中央情报局反恐中心的编制数量从 340 人增长到 1500 人，大量情报官员被派往阿富汗和巴基斯坦。2006 年，美国中央情报局在巴基斯坦启动“一寸一寸搜索”的“炮弹行动”，大规模排查本·拉登的家庭关系和“基地”组织的人际网络。中央情报局一面在关塔那摩监狱中严加审问，一面出具 2500 万美元高额悬赏，威逼利诱希望相关人士能够吐露本·拉登的位置，但最终仅获得本·拉登信使的家族姓氏，被认为徒劳无功，甚至一度解散了中央情报局追踪本·拉登的人力情报专门机构“本·拉登问题站点”（Bin Laden Issue Station）。时任美国总统布什的国家安全副顾问胡安·扎拉特认为这一段人力情报工作“是一段黑暗时期”。2009 年，美国总统换届，奥巴马总统就任后，虽然明令中央情报局局长帕内塔“消灭或逮捕本·拉登是对‘基地’组织之战的首要优先任务”，但针对本·拉登的人力情报手段不但没有改善，甚至遭遇了前所未有的挫折。2009年12月，中央情报局线人声称知晓本·拉登的副手艾曼·扎瓦希里的藏身处，与中央情报局官员相约在中央情报局阿富汗基地面谈。结果，该线人进入基地后实施了自杀式炸弹袭击，7名中央情报局官员死亡。当时，美国舆论普遍评价美国情报攻防面临“系统性失败”。

科技情报手段也未奏效。中央情报局深入分析了本·拉登发布的每个视频，甚至动用地质专家、生物专家针对视频背景中的岩石、鸟鸣识别岩石、鸟类的品种和出产地、栖息地，试图找到本·拉登所在之处的线索，但均未成功。中央情报局还动用间谍卫星拍摄怀疑本·拉登所在的印巴地区的图像，试图找到本·拉登出行踪迹，也未成功。2008年，美国总统布什进入最后任期，进一步寻求高科技帮助，在阿富汗、巴基斯坦边境派出美国科技情报攻防“杀手锏”，组织大量无人机巡航监控，也未找到本·拉登踪迹。

人力和科技情报手段的失效并非偶然，本·拉登已对相关情报手段做足准备。本·拉登足不出户，间谍卫星、无人机始终不能拍下其正面图像，其信使的真实身份也从未暴露。

数据情报手段登场

信使总要在数字时代生活，其日常产生的数据暴露了其身份。2010 年夏天，美国国家安全局截获了一段手机通话记录，一位被国家安全局监控的人士在电话中询问通话对象最近在做什么，这位通话对象隐晦地表示，自己回到了以前的老板身边。虽然当时美国情报部门还不了解信使的真实身份，没有监控信使本人，但这段通信数据让美国国家安全局意识到通话对象是本·拉登的信使，并锁定了通话对象。接下来，美国针对本·拉登的搜捕势如破竹，很快通过追踪信使本人，找到了本·拉登的藏身之处。

很快，2011 年 5 月 1 日，美国总统奥巴马宣布，一小队美国人在巴基斯坦阿伯塔巴德的一所建筑击毙了“基地”组织头目本·拉登。至此，自 2001 年 12 月，一场针对本·拉登近十年的搜捕落下帷幕。这场搜捕成功发现了本·拉登的住所，破解了十年来美国情报机构的难题，被美国高级官员认为是情报攻防史上的里程碑事件。2012 年 7 月，该行动指挥、美国特种作战司令部时任指挥官威廉·麦克雷文在接受美国有线电视新闻网采访时称：“我相信当搜捕经历全部解密后，人们会承认搜捕本·拉登是史上最伟大的情报行动。”时任美国国家情报总监詹姆斯·克拉珀也表示：“在我五十年的情报生涯中，我从未见过更成功的情报行动。”

背后的变革

这场情报行动不但标志着数据情报手段成为与人力情报手段、高科技情报手段比肩的大国情报手段，更记载了美国情报部门迈向数字时代情报攻防模式的十年变革。

美国国家安全局得以监控到本·拉登信使的手机通信正是美国情报部门多年来主动适应数字时代情报攻防变革的结果。在前数字时代，每次通信都通过一条通信链路发送，拦截通信相对容易。数字时代来临后，本·拉登信使等的每次通信会被分解为多个部分，通过不同通信链路抵达目的地，再组合为完整数据，美国情报部门使用的传统监控手段对此力不从心。2005 年，基斯·亚历山大就任美国国家安全局局长，其为了适应数字时代攻防需要，启动了“湍流”等一系列项目，或监控通信发出方设备，或与通信供应商合作，在主干网中监控目标数据包，最终得以监控数字时代的通信数据等，发展了数字时代的情报攻防手段，帮助美国赢得了针对本·拉登的情报攻防。

数据情报攻防上演

数字时代，数据是情报攻防新手段已成为共识，围绕数据的情报攻防也日益激烈。

伊朗高级将领苏莱曼尼对美国情报部门监控其通信设备的行为心知肚明，经常更换通信设备，以防监听，甚至在 2020 年 1 月

3 日在机场遇袭身亡前不久就频繁更换了 3 部手机，但依然由于手机电磁信号数据泄露而遭导弹锁定。苏莱曼尼身亡后，美国中央情报局前高级官员透露，美国和伊朗开展了针对通信设备数据的情报攻防。苏莱曼尼为防止美国情报部门渗透伊朗国内的通信设备市场，派遣亲信在伊朗境外的海湾国家采购手机等通信设备，以色列情报部门得知后向美国中央情报局通报了这个消息，美国中央情报局立即在海湾国家手机市场中安插带后门的手机，这批手机后来经常被苏莱曼尼及伊朗军方高级将领使用，最终索去苏莱曼尼性命。

虽然美国领导人已经对数据情报手段有所防范，奥巴马等历任总统均使用黑莓等加密手机防范数据泄露，但美国前总统特朗

普的行踪仍因身边人数据泄露而在数字时代曝光。2019 年 12 月 20 日，美媒《纽约时报》发布“如何追踪特朗普”系列报道，称从 1200 万美国用户 2016—2017 年间超过 500 亿条位置数据中，可以通过每日早晚频繁出现的位置确定工作和家庭地点在白宫、国会山、特勤局等机构工作的人员，并根据某特勤人员手机位置确定特朗普与安倍晋三会面的行程。这位特勤人员并未使用手机通信，而是因手机上装载的应用通过 GPS 信号、基站信号强度等推测位置信息泄露了特朗普的位置。

走漏风声的“小人物”

人们自古就认识到普罗大众的数据汇聚起来有重大情报价值。辽沈战役中，国民党军官和士兵投降并不稀奇，但投降军官与士兵的比例数据却走漏了己方将领指挥部所在。第四野战军发现投降军官比例奇高，断定指挥部位置不远，终于追踪到敌军指挥中枢。数字时代开辟了汇聚民众数据的新渠道，社交网络、智能应用、“零工”经济的用户都成为数据来源，他们的所见所闻、插科打诨都会被编纂成重要情报。

军方行动直播间

社交媒体加快了数据产生速度，让秘密事件相关信息得以在第一时间曝光。美国海豹突击队夜袭本·拉登在巴基斯坦住所的情报没有被巴军方获取，而是被当地一位信息技术专家索海布·阿萨在社交网络上实时披露。当晚，阿萨听到怪声并发了推特“有直升机凌晨1点在阿伯塔巴德上空盘旋，这很罕见”，随后又在推特上直播了此次袭击行动。事实上，社交媒体在2005年走红后，就成为数字时代情报攻防的重要战场。根据美国前情报部门知情人士爱德华·斯诺登透露，美国情报部门在2007年起就陆续启动了“棱镜”“X–关键得分”等项目，采取与社交媒体直接对接，或与通信供应商对接等方式，获得社交媒体数据，用于“五眼联盟”共享情报，相关项目“硕果累累”。

美国军方夜袭本·拉登的秘密行动在社交媒体中曝光后，美国政府加大对社交媒体数据的情报运用，利用俄罗斯、伊朗士兵的疏忽，让两国饱受社交媒体泄密之苦。2013年9月，俄罗斯士兵发布在社交媒体上以乌克兰高速公路为背景的自拍经美西方媒体炒作，被“誉为”俄罗斯“入侵”乌克兰的“最佳情报证据”。2016年4月至2017年1月，伊朗空军士兵多次在社交媒体上发布自拍时，不慎露出自身隶属于空军的标识，成为伊朗客机支持伊朗士兵前往叙利亚参战的“情报证据”，为伊朗招致美国的进一步制裁。美国国防情报局负责人迈克尔·弗林等承认，美国情报部门在收集分析脸书、推特，以及海外社交媒体方面投入大量资金，各类社交媒体用户已经成为名副其实的情报“富矿”。

维稳利器

“棱镜门”事件后，美国情报部门亲自搜集社交媒体数据方面的活动虽然被迫暂时收敛，但社交媒体作为数字时代情报攻防主要阵地的地位并未下降。直至今日，社交媒体已经成为美国情报机构维护社会稳定的重要情报来源。2015 年，25 岁的非裔美国人弗雷迪·格雷在合法持有刀具的情况下被美国巴尔的摩市警方逮捕，一周后受伤离世，其葬礼让“黑命攸关”（Black Lives Matter）等民权运动步入高潮。当年，美国社交媒体信息安全服务商 ZeroFOX 与巴尔的摩市警方合作，运用社交网络数据情报，锁定了 19 名“危险分子”身份，以及两位“黑命攸关”运动的领军人物。2021 年 1 月 6 日，在美国总统特朗普的支持者暴力闯入美国国会大厦的事件中，社交媒体用户的发言数据更为事前预警和事后执法提供了关键线索。2021 年 1 月 3 日，美国国会警察就根据 Parler、Gab 等小众社交平台上的预警，表示 1 月 6 日国会一带会暴发骚乱。美国国防部陆军部长里安·麦卡锡表示各执法机关均全面监控社交媒体，预计 1 月 6 日在国会示威，甚至连人数范围估计也大致准确。事后，社交媒体情报也在逮捕组织者方面发挥了重要作用。社交网络中上万示威者发布的示威图像让执法部门很快找到头绪。2021 年 1 月 9 日，时任美国参议院情报委员会主席马克·沃纳要求脸书、推特、Gab、Parler 等社交媒体公司保存事件前后社交媒体内容，随后美国司法部对相关示威图像进行人脸识别，指认了与国会示威者合照留念、为示威者引路的国会警察，逮捕了美国奥林匹克金牌得主克莱特·凯勒等示威者，揪出了煽动叛乱的极右翼组织“誓言守护者”等，并将相关组织的首脑和骨干一网打尽。

夺命数字应用

中东的恐怖分子虽然吸取了本·拉登等人的教训，使用加密通信工具，防范被美国情报部门监控，但自己手机中的社交网络应用泄露了自己的真实身份，成为美国无人机打击的对象。2011 年 9 月 30 日，美国军方特种作战司令部在克里奇空军基地远程控制无人机从沙特的一个秘密基地起飞，发射“地狱火”导弹，将美国公民、恐怖分子安瓦尔·奥拉基击毙。这是美国政府首次对境外美国公民的定点打击。从此以后，美国历届政府都将无人机锁定境外恐怖分子作为秘密行动的首选，数千名恐怖分子命丧无人机之手。直到 2020 年 11 月，美国《华盛顿邮报》等多家媒体才披露，美国军方的承包商在伊斯兰社交媒体 Muslim Mingle、Iran Social 等应用中埋放了数据监控后门，相应的移动应用已被上亿人下载、应用，中东恐怖分子在使用这类社交媒体时，发表的言论、实时的位置都会被上传给美国军方和情报部门。美国特种作战司令部发言人也证实，美国军方从相关应用中获取的数据用于海外特种作战行动。恐怖分子虽然没有使用手机通信，但数字时代的智能应用数据足以告诉别人“你是谁”“你生活在哪里”。

数字时代可提供数据的情报手段不只是社交媒体应用，各类数字应用都可以搜集数据，成为情报攻防手段。2013 年，乌克兰军队使用的火炮仍不具备自动瞄准功能，乌军为了减少瞄准时间，开发智能手机上可以部署的数字应用，将火炮瞄准时间由数分钟缩短为 15 秒。乌克兰利用社交媒体平台向近万名乌军火炮部队士兵推广这种数字应用。2014 年，俄罗斯在这款数字应用中植入了恶意程序，能够获得手机设备的通信数据和位置数据。在俄罗斯与乌克兰 2014 年的冲突中，乌军部队损失率奇高，达到 15%—20%。美国网络安全公司 CrowdStrike 报告显示，这款经俄罗斯改造的数字应用能够从乌军火炮士兵的手机中获取位置数据，帮助俄罗斯军队追踪、打击乌军火炮阵地。

主动搜集数据

从社交媒体等各类数字应用中搜集数据作为情报来源毕竟是被动的，随着数字时代发展了“零工”经济模式，数字应用能够以提供报酬的方式，向各国公民委托任务，“零工”平台成了情报机构主动进行数据搜集的场所。2021 年 6 月 25 日，美媒《华尔街日报》等披露，美国企业“精确数据”（Premise Data）已在全球 43 个国家铺设“零工”平台，向各国超过 200 万公民分发情报搜集任务超 1 亿次，为美国政府、国防部门提供情报服务。该企业或在全球推广数字应用软件 Premise，或利用 TaskRabbit、Mechanical Turk 等众多“零工”平台，根据美国政府、国防部门需求，定制情报任务，以每个任务 5—25 美分不等的报酬向各国“零工”从业者推送社会事件态度问卷、经济状况调研、沿输电线等指定目标拍照绘制地图、电子信号侦查等任务。该公司手机应用还可暗中捕捉手机在不同位置接收的电子信号，为美国军方指示网络攻击目标。美国智库兰德公司称，该公司经营的“零工”情报网络已经为美国提供阿萨德政权使用化学武器残害平民的重要情报。这种数字情报除了进行主动数据搜集外，还补充了美国科技和人力情报手段。该公司表示，可将美国军方敏感任务拆解成拍照、采访、踩点等任务，甚至发布“代理人活动”任务。2019 年，该公司仅用一年时间就在阿富汗的赫拉特、喀布尔、坎大哈等 6 个地区建立了当地情报网络，可在部落、种族情况复杂的地区快速建立海外人力情报网络。美国空军官员称，该公司能够在全球提供实时卫星图像难以获得的实地情报，提供了“下一代情报、监控和侦察能力”。

人皆可控的“大新闻”

数字时代，人们能够利用商业卫星大量获取地球表面活动图像，并通过网络获得虚拟空间数据，物理世界和虚拟世界的大量数据向各国民众敞开，孕育了以分析数据为业的民间人士和机构。这些民间人士和机构日益打破原本由政府垄断的情报搜集和分析能力，让情报攻防成了“人人都可为”的工作。他们运用被专业情报机构忽略或与专业情报机构所差无几的数据，在一些国际焦点问题上形成夺人眼球的情报成果，发布全球瞩目的大新闻。

数据人人可见

2020 年 7 月 2 日凌晨 2 点，气象卫星拍摄到伊朗境内发生火灾，伊朗原子能组织对此轻描淡写，称此次火灾是在建的工业棚发生事故。有关核能的相关信息是各国政府的高度机密，正当全球媒体等待各国情报机构确认或否认伊朗境内火灾事故原因时，美国有线电视新闻网等媒体已经通过民间研究机构给出了事件真相，发布了该事件系伊朗关键核设施遭破坏的“大新闻”。确认火灾系伊朗核设施爆炸的消息由美国民间组织“科学与国际安全研究所”和“防扩散研究中心”同时给出。它们分别由物理学家大卫·奥尔布莱特和梅丽莎·汉纳姆创办，两家机构都长期跟踪分析伊朗官方有关核设施的图片和全球商业卫星获得的伊朗相关设施图像，开辟了全球核侦察的新世界，标志着民间机构使用数字时代的大量数据，搞出了此前各国情报机构专属的机密新闻。

情报搜集曾是大国的专利，只有大国情报机构有资源派遣间谍飞机巡航、发射间谍卫星侦查、破译密码掌握互联网数据。冷战时期，美国情报机构将 U2 侦察机投入使用，负责在苏联上空搜寻该国核导弹、轰炸机的数量和部署位置。1960 年，美国中央情报局更是花费数十亿美元启动“日冕”计划，设计发射间谍卫星，首次实现全球大规模侦查。当时，就算是世界第二大国苏联，也没有能力针锋相对地派遣侦察机、间谍卫星予以反制，大国对尖端情报的垄断能力可见一斑。互联网发展早期，互联网数据更由国家垄断，美国国家安全局运行着当时全球运算能力最强的超级计算机，能够破译经当时美国数据加密标准加密后的数据。更是只有具备尖端网络能力的美国国家安全局能够动用国家权力，在丹麦等国监听海底光缆，启动“棱镜”等项目，掌握全球政府、企业、个人在网络空间的动向。

数字时代，曾经由大国垄断的全球图像以及网络空间数据逐步向全球开放。在全球图像数据方面，世界各地商业公司每年发射数百颗小型卫星，可为任何人提供低成本的“太空眼”。中央情报局冷战时期的“日冕”卫星分辨率为 12 米，无法区分地面两个相邻的物体，而 20 世纪 90 年代，商业卫星图片分辨率降至 10 米以下，2000 年达到 2 米以下，2014 年商业卫星分辨率最高达 31 厘米，获取卫星图像成本也从每张 4000 美元降至 10 美元。民间分析人员可以从太空探测到地球上的井盖、建筑物的通风口、道路上行驶的不同车型。这些数据就连美国情报机构也心动，美国国家侦察办公室每年花费 3 亿美元购买商业卫星图像。在网络空间数据方面，网络空间中的消息、新闻、图像、视频不再被美国政府或情报部门垄断，各国公民使用手机就能浏览。美国政府处理、分析这些数据的能力也不再领先，美国国家安全局处理数据的能力甚至还要依赖亚马逊、谷歌等提供的云服务。美国中央情报局和国防情报局前分析师布鲁斯·克林纳称，在数字时代，普罗大众使用手机就能拥有二十年前必须进入情报机构才能获得的相同质量的信息。

分析人人可为

从海量数据中进行情报搜集和分析不是一件容易的事情，即使是美国情报机构也无法逐一排查、分析所有地球图像和互联网信息。从 1996 年到 2015 年，美国情报机构分析人员平均每天的阅读工作量从 2 万字增长到 20 万字，美国前国家情报总监丹·科茨称："我们必须更加灵活，有所取舍。"政府无力充分运用海量数据，为民间人士在数字时代进行情报搜集和分析留下了广阔空间，其中不少成果成为一时热点。

核侦察领域以其高度敏感性、机密性最先体现了数字时代民间机构进军情报分析领域的爆炸性效果。2006 年和 2009 年，朝鲜第一次和第二次核试验并未公布试验地点。2012 年，斯坦福大学教授西格弗里德・赫克等利用商业图像和公开地震信息确定了朝鲜前两次核试验的地点。六年后，朝鲜公布了实际核试验地点，证实了上述分析的准确性。对核武研判的高度准确催生了更多民间核侦察工作以及成果。2016 年，詹姆斯・马丁不扩散研究中心研究员梅丽莎・汉纳姆发起名为“Geo4Nonpro”的倡议，吸引了数百名专家参与，通过分析商业卫星图像发现了位于朝鲜降仙的秘密铀浓缩设施，并得到美国情报机构确认。此后，该倡议一举成名，从 2016 年运营至今，多次独家发布有关俄罗斯新地岛核试验场、朝鲜平山铀矿、叙利亚 Al-Kibar 核反应堆等“内幕”分析，成为美国对俄罗斯、朝鲜、伊朗等国核侦察的重要力量。

数字时代，民间情报分析机构不但搞出了公布俄罗斯、朝鲜、伊朗等国核基地的位置的新闻，还在全球揭示了美国海外导弹基地的确切位置。2018 年 10 月，以色列企业 4M Analytics 的分析师哈雷・丹发现欧洲民用遥感卫星哨兵 1 号（Sentinel 1）下载的卫星图像受到干扰，经过分析，发现这种干扰来自美国部署的爱国者导弹所用的电池和雷达，进而确定了美国爱国者导弹在卡塔尔乌代德空军基地、巴林的伊萨空军基地等地部署的确切位置。

民间机构不但从物理空间图像中分析出了大新闻，更利用虚拟空间的数据，挖掘出了“秘密”。2015 年，卡巴斯基等网络安全公司首次发现有黑客组织利用卫星互联网发动网络攻击，以尖端网络技术开辟了网络攻防新战场。尽管黑客组织准备充足、纪律严明，但依然被美国网络安全公司发现身份。在该黑客组织渗透卫星后，曾利用该卫星网络阅读私人电子邮件、访问俄罗斯社交网络 VKontakte 上的个人主页，这些流量在数字时代被默默记下，成为“永恒的记录”，导致该组织成员身份泄露。

误读随处可见

但是，民间人士和机构良莠不齐，不乏误读、炒作数据之举。2011 年，美国乔治敦大学教授、美国国防部前分析师菲利普・卡伯带领学生搜寻所谓“中国核弹”，要求学生研究所谓“中国各地隧道系统”。学生们通过“研究”商业图片、博客、军事期刊、中国国防电视剧，最终认为这些隧道藏匿着 3000 枚核武器。该分析“成果”较有“影响”，美国专门举行国会听证会，空军副参谋长等国防部高级官员出席。后来，美国詹姆斯・马丁不扩散研究中心东亚不扩散项目主任杰弗里・刘易斯根据中国核试验中钚使用量进行测算，表示中国没有足够的钚来生产近 3000 枚核武器，认为所谓“中国藏有 3000 枚核弹”的分析成果不实。

实际上，伊拉克、伊朗等国均经历涉核数据炒作。1998 年 1 月，一位自称伊拉克核试验研究者的人士向英国记者格温・罗伯茨展示了根据商业卫星图像得到的伊拉克从俄罗斯购买核弹头的照片，并给出伊拉克萨达姆政府核试验的确切事件和地点。英国记者罗伯茨购买了一批该日期前后的商业卫星图像，让英国国防学院专家布彭德拉·贾萨尼进行分析。贾萨尼发现图片中有一条隧道及竖井入口，由此推断该出确实存在核试验场。2001 年 2 月，该消息在《泰晤士报》刊出，但之后国际原子能机构驻伊拉克前首席核观察员、知名卫星图像专家弗兰克·帕比安也查看了同样的图像，认为没有证据表明该地被用来进行地下核试验，贾萨尼发现的隧道其实是天然泉水服务的农业区。2015 年 2 月 24 日，“伊朗抵抗全国委员会”试图用伪造图像证据破坏国际核谈判。其声称在伊朗某地下室发现秘密核设施，证据包括该“秘密设施”的卫星图像，及防止辐射泄露的大型铅门照片。后詹姆斯·马丁不扩散研究中心团队发现这些证据是伪造的——图像中设施尺寸过小，且伊朗浓缩设施一直未使用铅门。

数字时代的新手段

自 21 世纪初数字时代这一概念走进大众视野以来，数字时代将变革情报攻防方式就成为美国历任情报机构负责人的共识。美国现任国家情报总监埃夫丽尔·海恩斯在就职前，曾组织美国智库、科技界、学界共同研判数字时代情报攻防趋势，认为数字时代给情报攻防带来的变革是全方位、全过程、全形态的，并在提名听证会上表示，任内最重要的优先事项就是推动情报机构适应数字时代情报攻防新手段。

新手段

数字时代拓展了情报数据来源，发展了情报分析方式，整合了多种来源数据，实现了过去不可能完成的情报任务。

第一，将更多数据纳入情报视野。俄乌冲突开始后，为搜集俄罗斯走私芯片等美国出口管制品的情况，美国开始整合各国海关数据，从本用于各国进出口统计的数据中，挖掘俄罗斯在全球部署的走私网络，最终发现俄罗斯军工企业借助全球多地“皮包”公司走私美国芯片的供应链。

第二，拓展新的数据分析方法。在测谎等反间谍领域，传统的方法是使用被测谎者的血压、心跳、体表电阻等数据，希望找到与说谎事实相匹配的生理特征。但是，多年来的研究已经表明，这样的生理特征面临没有及时揪出说谎者和冤枉说实话的人两种问题。面对这些困境，美国智库兰德公司等提出了使用被测谎者的测谎过程录音、录像数据，从音频、视频中寻找谎言证据的方式，拓展了新的数据情报来源。

第三，整合不同来源的数据。从单个数据直接得出情报结论难度很高，整合不同数据则可串联情报线索，得到高质量情报结论。2022 年 2 月 23 日，米德尔伯里国际研究所的分析师在美国商业卫星图像公司卡佩拉空间拍摄的雷达图像上捕捉到一支不同寻常的，在高速公路旁被组织成准备出发队形的列车。他们很快又结合社交媒体平台 TikTok 上的视频，发现这是一列正从俄罗斯城市别尔哥罗德向乌克兰边境移动的运送装甲车的火车。随后，在监测谷歌地图时，分析师发现该列车所在的确切位置发生了“交通堵塞”，由于当时当地时间为凌晨 3 点左右，正常情况不会出现交通拥堵。结合以上信息，分析师发布推文推断俄乌冲突开始。随着地图上鲜红色的“交通堵塞”缓慢向边境移动，约一个小时后，俄罗斯总统普京宣布“特别军事行动”开始。

新机制

数字时代，情报处理的组织方式越来越大众化，从各国专门情报分析机构到民间情报分析组织，各国情报处理权已经大大旁落。最新的组织方式甚至运用众包平台分解情报分析任务，让全球人士都可以参与情报分析工作。例如，民间人士专门建立了网站 Sedition Hunters，帮助美国联邦调查局根据海量监控视频，寻找 2021 年 1 月 6 日国会山骚乱中的嫌疑人。民间人士创建的 Bellingcat 等调查网站，组织全球“爱好者”在俄乌冲突中分析俄乌边境卫星图和俄罗斯的进攻方向。

由于全球“参与者”众多，大众化的情报分析组织有能力得到比专业情报机构还快的情报结论。如 Bellingcat 就曾破解了 PS752 航班坠毁之谜。2020 年 1 月 8 日，从德黑兰飞往基辅载有 176 名乘客的 PS752 航班坠毁。事故发生后，尽管多方猜测该客机被伊朗导弹击落，但伊朗官方否认。结果，Bellingcat 分析团队发现网友在网络上发布的事发地附近沟渠中拍到的一个圆锥形机械部件，经过对比分析，认定其是伊朗 2007 年进口的“托尔–M1”防空导弹的弹头部分。

分析团队进一步在一段网络视频中看到了导弹击落客机的画面。通过比照视频中建筑、街道和道路标志，初步确认这些建筑是位于德黑兰机场附近帕兰（Parand）的一个社区。分析人员甚至通过这段视频定位到飞机中弹的具体方位。视频中，从出现闪光到听到爆炸声的时间差为 10.7 秒，用时间差乘以传播声速 340 米 / 秒，推算出客机与摄像头的直线距离约为 3600 米，结合附近的参照物，根据勾股定理，就能判断客机是在 3300 米的高空被导弹击中。最后结合航班跟踪网站 FlightRadar24 等工具绘制航班的实时飞行轨迹，交叉验证了客机确实经过了视频中的位置，得到结论的过程比各国情报机构都快。

新挑战

随着数字时代的新手段强化了各国情报供给，部分人士提出对数字时代新手段的担忧。

第一，数字时代的新手段挑战了国家保密制度。各国的秘密主要依靠以定密为基础的保密制度，限制秘密信息的知悉范围，实现保障国家秘密。但在数字时代，记者、教授，甚至业余爱好者都可以获得大量全球数据，并可能通过分析这些数据掌握国家秘密，国家保密制度在数字时代遭到挑战。

第二，数字时代的新手段将因为公开本属于国家秘密的信息而影响国家重大决策。1962 年古巴导弹危机事件中，美国总统肯尼迪在 U2 侦察机发现苏联拥有核武器后，最终以美苏达成秘密协议、苏联从古巴拆除核武器、美国从土耳其撤走导弹收尾。但在数字时代，古巴导弹危机事件已经不能同样平稳地解决，美国公民第一时间将从公开、廉价的卫星图像中知晓苏联把核武器运往古巴，美国以从土耳其撤走导弹换取苏联拆除古巴核武器的图谋也将在第一时间被曝光，鉴于当时距离美国中期选举只有几天，肯尼迪一切与苏联缓和局势的措施都将面临选举压力，美苏将难以重新达成秘密协议。

第三，数字时代的新手段给民间机构等留下了利用数据炮制出“假新闻”的空间，可能引发社会恐慌。如以色列电视台曾称卫星图像显示伊朗导弹发射台已经达到向美国发射核武器的水平，一时引起轩然大波，但最终该发射台被证明只是一个巨大的电梯。

近年来，数据驱动的情报攻防新手段新机制不断涌现，在军事、国家安全等重要任务中发挥重要作用，正在加速情报攻防的变革。2022 年初，美国斯坦福大学胡佛研究所高级研究员艾米·泽加特出版了《间谍、谎言和算法：美国情报的历史和未来》一书，根据自身与美国现任国家情报总监海恩斯等人的交流经历，从数据驱动情报攻防的角度梳理了情报史，认为冷战时期无人机、间谍卫星等技术的进步，实现了技术驱动情报进步的变革，而俄乌冲突中涌现的新数据与新手段相结合的情报攻防方式，标志着新的数据整合、分析手段正在形成数据驱动情报进步的新的里程碑。

小结

“这是最好的时代，这是最坏的时代。”数字时代催生的情报攻防新手段既提升国家维护主权、领土、核心利益的能力，也加剧国家间情报攻防烈度；既帮助各国公民认清虚伪大国打着维护世界和平的旗号在世界各处修建导弹基地的穷兵黩武，也可能向社会传递“假新闻”的恐慌。解铃还须系铃人，数字时代新手段这一“双刃剑”以数据驱动为特征，全球应在讨论数据安全的热潮中重视由数据驱动的情报攻防新手段，达成既享受数据流动发展红利，又确保数据使用安全的数据安全规范，防范数据时代数据滥用带来的情报攻防风险。

参 考 文 献

1 Erik J. Dahl, "Finding Bin Laden: Lessons for a New American Way of Intelligence," Political Science Quarterly, Vol.129, No.2, 2014.

2 Peter L. Bergen, "Manhunt: The Ten-Year Search for Bin Laden from 9/11 to Abbottabad," Crown Publishers, 2013.

3 Amy B. Zegart, "Spies, Lies, and Algorithms: The History and Future of American Intelligence," Princeton University Press, 2022.

4 Robert Dover, "Hacker, Influencer, Faker, Spy: Intelligence Agencies in the Digital Age," Hurst Publishers, 2023.

5 ［美］爱德华·斯诺登著，萧美慧、郑胜得译：《永久记录》，民主与建设出版社 2019 年版。

6 熊剑平、储道立：《中国古代情报史》，金城出版社 2016 年版。

7 李景龙：《大数据时代美国情报分析转型》，金城出版社 2022 年版。

8 涂子沛：《数据之巅》，中信出版社 2014 年版。

9 高巍：《我国古代军事情报技术的发展与演变》，《情报探索》2011 年第 5 期。

9

第九章 中国的数据安全治理

纵观人类社会发展历程，每一次科学技术的创新与飞跃，既会推动世界向前一步，也会为国家安全带来新的风险与挑战。当前，新一轮科技革命与产业变革在加速演进，云计算、大数据、物联网、人工智能等新兴技术蓬勃发展，这使得网络边界不断被打破，最直接、现实、频繁发生的安全威胁就来自于被称为第五疆域的网络空间。数字化转型带来的数据安全风险在不断攀升，数字化的程度越高，数据安全风险的暴露面与攻击面就越广，数据安全事件愈演愈烈。从“棱镜门”“怒角计划”“星风计划”到“电幕行动”“蜂巢平台”和量子攻击系统，一系列的跨国数据安全事件给我们发出警报：数据作为数字经济发展的核心生产要素，作为国家的重要资产和基础战略资源，其重要意义不言而喻。面对数据安全威胁态势日益严峻，着力解决数据安全领域的突出问题，有效提升数据治理能力已迫在眉睫。

数据安全的中国理念

大数据技术使得数据应用场景和主体不断多元化，数据安全的内涵外延也在不断丰富。对公民个人而言，大数据的收集、加工、共享信息使得公民对个人信息的自决权力被削弱，如：手机应用软件中强制用户同意其使用条款否则禁用部分功能潜藏着过度收集个人信息的风险。从短视频软件到网络购物，用户被大数据精准画像与精准推送，甚至遭遇“大数据杀熟”，接连不断的骚扰电话及短信轰炸乃至电信诈骗让人不堪其扰……海量数据的汇集使用令公民个人信息被泄露甚至滥用的风险陡然上升，数据安全成为了保护公民个人隐私权利的基本要求。对企业而言，大数据代表着重要的商业资源和生产要素，决定着企业的竞争力与生死存亡。随着“滴滴出行”的下架整改，网络安全审查办公室发布了关于“运满满”“货车帮”“BOSS 直聘”等多家企业的网络安全审查公告，由于这些企业掌握着大量关键信息数据，企业的经营行为必须建立在保证数据安全的前提下，兼顾数据安全与发展才能成为企业最大的竞争力。对国家而言，大数据是国家基础性战略资源，在全球化日益发展的今天，世界各国经济贸易与技术交流合作不断紧密，数据在国与国之间不断流动，数据的跨境流动不仅左右着商业利益的获取，也影响着国家安全与竞争力。在数据对各领域的重要性日益提升的同时，数据风险与安全问题也逐渐凸显，给社会发展进步带来巨大挑战。数据安全已成为国内外国家安全与权力博弈的重要内容。

有人将世界主要国家的数据安全治理理念分为三类，即美国“市场话语”下的数据安全治理理念、欧盟“权利话语”导向下的数据安全治理理念以及中国“安全话语”导向下的数据治理理念。美国在网络信息与数字经济领域处于世界领先地位，其更倾向于发挥市场在数据自由流动中起到的作用，以维持自身的信息优势。由于美国对数据自由流动的高度需求，其维护数据安全的理念均以维护数据自由流动为基调，如《云法案》中规定无论传输或储存的信息是否在美国境内，只要服务提供者控制数据，美国政府均有权要求其披露信息，允许政府跨境调取数据。但是，外国机构想要调取储存于美国的数据，则需要美国国会认定外国政府为“符合资格的外国政府”，再向美国境内数据控制者发出调取命令，这一数据领域的“长臂管辖”规定就是美国数据安全治理理念的典型体现。欧盟严格限制个人数据的跨境流动，无论是在法律法规制定中还是个案处理中都始终将个人数据的保护作为人权保护的一部分，放在极高的位置上来看待，如《数据保护指令》第 25 条提到，只有当数据转移目的国达到欧盟所认可的充分保护水平的条件下，才可以进行数据转移，但同时对内禁止以数据保护名义进行数据本地化，从中可以看出欧盟内外有别的数据安全治理理念。

不同于美欧的是，中国的数据安全治理理念是以“安全话语”为导向，在总体国家安全观的指导下，中国的数据安全治理既重视数据对于经济发展、社会进步的积极作用，又重视数据对各领域安全特别是对国家整体安全的影响，在坚定维护国家数据主权不受侵犯的前提下，统筹数据的自由流动与安全，同时以共商共建共享的理念参与到全球数据治理进程当中，推动构建网络空间命运共同体。

坚持数据主权观

数据具有主权性，数据主权已经成为国家主权的重要内涵，因此，维护我国的数据主权以保证我国数据安全，是中国的数据安全治理理念的重要部分。2015 年，国务院《促进大数据发展行动纲要》首次从官方角度对数据主权作了表述。数据主权是处理数据安全的根本指针。对于地理上的主权安全，中国已通过不断增强的经济实力、飞速提升的国防实力以及日益深入的国际合作使其达到相对稳定的状态，而数据主权作为国家主权在信息化、数字化和全球化发展趋势下新的表现形式，值得我们进一步深入思考。

中国的数据主权观，根本上是为了维护国家数据安全、发展和利益。第一，数据主权作为国家主权的一部分，应得到坚定支持与维护。中共中央总书记、中国国家主席习近平在第二届世界互联网大会开幕式上指出，《联合国宪章》确立的主权平等原则是当代国际关系的基本准则，覆盖国与国交往的各个领域，其原则和精神也应该适用于网络空间。国家主权原则发源于西方世界，又不断被其解释与运用，如今深深根植于处理国际关系的生动实践中，在数据领域坚持国家主权原则的直接适用与我国一直坚持的主权立场完全相符，基于国家主权原则，对内我国享有对域内数据进行管理、保护、促进其发展的权利，对外享有独立制定本国数据战略、法律、政策等权利，平等开展数据治理与合作，在数据主权受到他国侵犯时，合理采用适当行动维护主权安全。第二，维护数据主权要加强对数据的管理，完善数据分级分类。《中华人民共和国数据安全法》第 21 条明确规定了建立数据分级分类保护制度，将数据分为核心数据、重要数据和非重要数据进行重点保护和更为严格的管理。合理有效的数据分级分类并对不同类型的数据采取不同程度的管理方式，是维护数据主权、保护数据安全的重要抓手，有利于对数据进行精细化、规范化管理，实现数据安全与充分利用的有效平衡。第三，维护数据主权应遵循合作共治原则，增强数据治理话语权。网络空间天然的无边界性使得各国的网络行为高度联动，一个国家不可能完全脱离其他国家而独立行使自己的数据主权，也不可能离开其他国家独自承担维护世界网络空间秩序的重任。数据主权的维护与实现并不代表主权国家要困于自身数据的封闭圈子中，而是应当寻求合理的国际合作以提升数据主权保护的防御能力，这在我国提出的《全球数据安全倡议》和《中华人民共和国数据安全法》第 11 条中均有所体现。

数据安全与自由流动并重

如今，主要大国间的“数据战”愈演愈烈，特别是在以美国为代表的西方发达国家实施数据霸权行为以及主张单边主义的形势下，我国在进行数据安全治理的过程中，秉持开放而非封闭、发展而非停滞的思路，同步推进发展与安全，在维护国家安全、公共安全以及公民个人隐私这一底线红线的同时，鼓励数据合法有效利用，依法自由有序流动。传统意义上的数据安全强调的是因数据偷窃、数据篡改等行为而破坏了数据的保密性、完整性与可利用性，其更加侧重于数据本身包含的信息的静态安全，而随着科技的发展进步及世界各国间联系的日趋紧密，数据只有自由流通起来才会发挥更大的经济社会价值，其价值也会随着数据的流动速度、活跃程度与传输规模而不断增长。因此，数字时代数据的安全与发展是一体之两翼、驱动之双轮。尽管数据主权强调国家对于本国数据享有的排他性权利，但在全球化高度发展的今天，单纯强调数据主权的排他性可能会导致国与国之间的对抗与恶性竞争，不利于国家之间的文化、经济、政治交流，过度的数据本地化以及强大的数据主权也会导致碎片化和数字边界的兴起，这也被称为互联网“巴尔干化”。在统筹数据安全与自由流动理念的指导下，我国建立了数据分类分级保护制度、数据安全应急处理机制、数据安全审查制度、数据安全出口管制等，明确了各主体数据安全保护义务，落实数据保护责任，加强数据安全风险监测、评估，同时也全面加强数据开放利用，推进数据开放利用技术和安全标准体系建设，积极开展数据领域国际交流与合作，参与相关国际规则制定，促进数据跨境安全、自由流动。这

既体现了对数据安全的维护，也有利于最大程度保障数据自由流动与发展。

以合作共赢观参与全球数据治理

2022年1月16日习近平总书记在《求是》杂志发表重要文章强调："积极参与数字经济国际合作。要密切观察、主动作为，主动参与国际组织数字经济议题谈判，开展双多边数字治理合作，维护和完善多边数字经济治理机制，及时提出中国方案，发出中国声音。"数据治理必然存在跨境的问题，这不是一国之事，不能"各扫门前雪"，作为全球主要国家和地区关注的焦点议题，我国在参与全球数据治理过程中始终秉持合作共赢理念，不搞"数据霸权"，也坚决反对任何国家以维护自身安全为名损害国际共同安全。一方面，面对世界各国不断出台自己的数据治理规则并加强监管，我国吸纳借鉴国外成功的数据治理经验，对其规则、理念进行系统梳理、分析和总结，寻求"最大公约数"。另一方面，我国积极参与数据安全治理的双边或多边谈判及协商，秉持互利合作观念，在尊重他国数据主权的前提下，寻求共同认可的数据保护机制。同时，我国也努力参与国际规则制定，提出《全球数据安全倡议》等，呼吁各国以共商共建共享理念齐心协力保障数据安全。

数据安全的中国道路

相较于英美等国，中国的数据安全治理工作虽然相对起步较晚，但随着大数据迅速成为经济社会发展的新动能，加强数据安全治理、保护数据安全、为数字经济持续健康发展筑牢安全屏障成为了当前时代的客观需要，中国的数据安全保障按下了“加速键”，于实践中探索，我们逐渐走出了一条数据安全治理的中国道路。

数据安全步入法治化轨道

2017 年 12 月，第十九届中共中央政治局就实施国家大数据战略进行第二次集体学习。习近平总书记就做好数据安全工作作出重要指示:“要切实保障国家数据安全。要加强关键信息基础设施安全保护，强化国家关键数据资源保护能力，增强数据安全预警和溯源能力。要加强政策、监管、法律的统筹协调，加快法规制度建设。”法治是保障数据安全的重要手段之一，这已逐步成为共识，法律应当被用作解决国家安全等重大政治问题的不可或缺的工具。当数据安全治理工作驶入“快车道”，我国也进一步完善了法律层面上数据治理工作的顶层设计。2017 年施行的《中华人民共和国网络安全法》对数据的定位以及个人信息保护、跨境数据传输评估等数据安全防护工作提出了新的规定与要求。

2021 年 9 月 1 日《中华人民共和国数据安全法》正式施行，其作为我国第一部数据安全方面的专门法律，让数据安全有法可依，有章可循，为数字经济健康发展提供了有力保障。《中华人民共和国数据安全法》完善了数据安全领域的制度建设，确立了数据分类分级管理、数据安全审查、风险评估、监测预警和应急处置等基本制度，同时也为有关部门出台重要数据目录、数据跨境管理等规范性文件提供了法律依据。《中华人民共和国数据安全法》统筹兼顾了数据安全与数据发展。近年来，我国在不断引导数字经济与实体经济深度融合，推动经济实现高质量发展，“十四五”规划和 2035 年远景目标纲要提出“加快数字化发展，建设数字中国”，“打造数字经济新优势”。这对我们提出了更高的要求，不仅要发挥数据作为经济社会发展的引擎作用，同时要牢牢守住数据安全的底线。《中华人民共和国数据安全法》坚持发展与安全并重，鼓励数据依法合理有效利用，保障数据依法有序自由流动，促进以数据为关键要素的数字经济发展，此外，“数据安全与发展”专章还规定了国家实施大数据战略、支持开发利用数据提升公共服务的智能化水平、支持数据开发利用和数据安全技术研究、推进数据开发利用技术和数据安全标准体系建设等内容，为支持数据安全与发展提供了保障。《中华人民共和国数据安全法》严格落实了包括个人和组织在内的各类数据活动主体的安全保护责任与义务。“法律责任”专章规定了开展数据处理活动应当依照法律、法规的规定，建立健全全流程数据安全管理制度，组织开展数据安全教育培训，采取相应的技术措施和其他必要措施，保障数据安全等，将数据处理活动主体的安全保护义务和责任进行了具体化，有利于引导数据处理活动主体自觉依法进行数据处理活动，为数据安全提供了扎实的社会根基。《中华人民共和国数据安全法》也为应对当前全球数字化与经济一体化带来的风险提供了解决方案，其明确规范了跨境数据流动和流转的法律要件，明确数据跨境流动的出口管制、报批制度和反制措施等，有助于开展跨境国际数据交流合作，保证数据跨境流动的安全与自由，应对境外数据相关活动的歧视与反制措施，为我国数据安全保护提供了坚实屏障。2021 年 11 月 1 日正式施行的《中华人民共和国个人信息保护法》成为继《中华人民共和国网络安全法》和《中华人民共和国数据安全法》之后数据保护的重要法律，数字化背景下数据形式存在的电子信息是个人信息最普遍的载体，本法明确了个人信息处理规则、数据本地化储存及出境要求、禁止“大数据杀熟”等。至此，中国形成了主要由《中华人民共和国网络安全法》《中华人民共和国数据安全法》《中华人民共和国个人信息保护法》三部法律构成的数据安全法律制度体系，以上三部法律也是我国数据安全保护的“三驾马车”。

强化监管织密数据安全网

我国是数字经济发展大国，也是全球最大的数据生产国。近年来，我国逐步认识到，完善数据安全治理仅仅依靠法律体系还是不够的，数据安全治理以及相关法律规定的执行需要具体监管部门来贯彻落实。在数据引领经济发展的同时，必须把数据安全监管作为国家网络安全管理和国家综合治理体系的重要内容。放眼国际社会，随着世界各国在数据安全治理领域的经验不断丰富以及数据保护监管法律体系和制度逐渐完善，越来越多的国家和地区建立了数据保护专门机构，以提高对数据治理工作的统筹协调和监督管理能力。例如，欧盟设立了专门的数据监管机构欧盟数据保护委员会，其成员国也按照《通用数据保护条例》的规定分别设立了个人数据保护专门机构，如德国的联邦数据保护委员会、法国国家信息与自由委员会、英国负责数据保护的信息专员办公室等。在我国互联网起步初期，数据安全治理工作主要由数据所涉及的行业领域来负责，互联网管理中的“九龙治水”管理体制被“复制”到了数据治理当中，各个行业的主管部门对本行业内部的数据安全保护进行监督管理。由于各行业领域之间的天然界限，数据安全治理呈现出分散化与分隔性。如同石油之于工业时代一样，数据作为新型生产要素，成为了信息时代国家重要的战略性、基础性资源，数据在创造惊人价值的同时，也影响着经济社会的健康发展，数据安全治理不再仅仅局限于传统电信、互联网等个别领域，而是各行各业发展进步所必须面对的重要问题。因此，只有建立协调统一的监督管理机制，加强统筹管理，打破各行业间的壁垒，才能提升数据安全治理的效能。2014 年中央网络安全和信息化领导小组成立，统筹协调包括数据安全在内的各领域网络安全和信息化重大问题。2016 年通过的《中华人民共和国网络安全法》规定，国家网信部门负责统筹协调网络安全工作和相关监督管理工作，同时授权国务院电信主管部门、公安部门和其他有关机关在各自职责范围内承担安全保护和监督管理职责，这一规定一定程度上建立起了以国家网信部门为统筹协调机构，各个行业主管部门各司其职的网络安全监管体制。2021 年《中华人民共和国数据安全法》的生效进一步明确规定了中央国家安全领导机构，也就是为公众所熟知的中国共产党中央国家安全委员会对国家数据安全工作的领导地位，中国共产党中央国家安全委员会负责决策和议事协调，统筹各重要工作。同时,《中华人民共和国数据安全法》还提出建立国家数据安全工作协调机制。此外,《中华人民共和国数据安全法》也规定了各行业主管部门承担各自行业领域的数据安全监管职责，延续《中华人民共和国网络安全法》中有关规定，网络数据安全和相关监管工作仍然由国家网信部门负责统筹协调。至此，我国建立起了在中央统筹的基础上，各行业部门、各地区分工负责的数据安全治理模式，统筹兼顾了党中央对于数据安全监管的统一性与各部门、各地区的差异性。

多方合力筑牢数据安全防线

维护国家数据安全，不仅是国家主体的责任，更需要政府、企业、行业组织、公民个人等的有效配合与协作。面对数据安全领域当前存在的诸多挑战与困难，我国正在全力发力加强数据安全的协同治理。政府层面，我们完善数据安全治理的顶层设计，保障数据安全风险总体可控，同时加强数据安全领域的执法，对重点领域数据相关违法犯罪行为严惩不贷。例如：新华社公布的李某等人私自架设气象观测设备，采集并向境外传送敏感气象数据案中，国家安全机关发现，国家某重要军事基地周边建有一可疑气象观测设备，具备采集精确位置信息和多类型气象数据的功能，所采集数据直接传送至境外。国家安全机关调查掌握，有关气象观测设备由李某从网上购买并私自架设，类似设备已向全国多地售出 100 余套，部分被架设在我重要区域周边，有关设备所采集数据被传送到境外某气象观测组织的网站。该境外气象观测组织实际上由某国政府部门以科研之名发起成立，而该部门的一项重要任务就是搜集分析全球气象数据信息，为其军方提供服务。国家安全机关会同有关部门联合开展执法，责令有关人员立即拆除设备，消除了风险隐患。企业层面，企业通过与监管部门沟通协作完善内部数据安全的合规管理，建立起具有标准化、实效性、强覆盖性的数据安全管理制度。对于公民个人而言，结合全民国家安全教育日、国家网络安全宣传周、知识产权宣传周等重要节点，大力开展的《中华人民共和国网络安全法》《中华人民共和国数据安全法》《中华人民共和国个人信息保护法》等法律法规知识普及以及以案说法、以案释法等，使得公民的数据安全意识大大提高。针对数据滥用、数据泄露等违法犯罪问题，部分公民已有对侵权人提起诉讼的意识，公民数据安全保护意识的提高也为数据安全治理营造了良好环境。

内外兼修共谋全球数据治理

互联网的蓬勃发展把世界各国的前途命运更加紧密地联系在了一起，身处网络世界的洪流中，没有人能独善其身。中国的数据安全治理不仅着眼于国内，作为构建网络空间命运共同体的倡导者和先行者，我国也应为世界的数据安全治理提供中国方案，贡献中国智慧。2020 年 9 月，在“抓住数字机遇，共谋合作发展”国际研讨会高级别会议上，我国提出《全球数据安全倡议》，这是世界首份数据安全领域的倡议，充分体现了中国作为一个负责任大国的表率作用，得到了国际社会积极响应和广泛赞誉。2021 年 3 月，中国外交部同阿拉伯国家联盟秘书处召开中阿数据安全视频会议，宣布共同发表《中阿数据安全合作倡议》，以及 2022 年 6 月“中国 + 中亚五国”外长第三次会晤通过《“中国＋中亚五国”数据安全合作倡议》，标志着我国在与发展中国家携手推进全球数字治理方面又迈出了重要一步。在我国由“富起来”进入“强起来”的历史阶段中，我们需要在国际社会中发挥更大的影响力，为世界和平与发展做出更大贡献，在数据安全治理等领域，我们不仅要遵守国际规则，更要逐步构建属于中国的话语权。

共同安全的中国方案

当今世界百年未有之大变局加速演进，新一轮的科技革命与产业革命深入发展，虽然全球已进入后疫情时代，但世界经济复苏乏力，局部动荡与冲突频发，全球性问题加剧，世界处于新的动荡变革期。互联网作为新兴领域，发展仍不平衡，规则仍不健全，个别国家企图将互联网作为实施霸权的工具，滥用数据维护自身霸权地位，干涉别国内政，从事网络窃密与监控活动，导致数据安全冲突与风险加剧。全球数据安全治理需要更加公平、合理、有效的解决方案，数据领域的风险与威胁需要更有力的应对措施。

2014 年 7 月 16 日，习近平主席出访巴西时发表了题为《弘扬传统友好 共谱合作新篇》的演讲，习近平主席指出：“虽然互联网具有高度全球化的特征，但每一个国家在信息领域的主权权益都不应受到侵犯，互联网技术再发展也不能侵犯他国的信息主权。在信息领域没有双重标准，各国都有权维护自己的信息安全，不能一个国家安全而其他国家不安全，一部分国家安全而另一部分国家不安全，更不能牺牲别国安全谋求自身所谓绝对安全。”习近平主席关于网络安全与数据安全的这一理念与主张充分体现了我国作为全球最大的发展中国家和网民数量最多的国家，秉持共商共建共享的全球治理观，反对只有利于自身的绝对安全，支持凝聚全球共识，推动国际社会就全球数据的发展与安全达成一致，为全球数据治理提供共同安全的中国方案。

习近平总书记发表在《求是》杂志上的重要文章《加强党对全面依法治国的领导》中指出：“全球治理体系正处于调整变革的关键时期，我们要积极参与国际规则制定，做全球治理变革进程的参与者、推动者、引领者。”互联网日新月异的发展扩展了全球治理的新领域，在数据领域的全球治理当中，中国在尊重各国数据主权的基础上，积极参与国际规则制定，为全球数据共同安全提供中国方案，推动各国就国际数据治理达成一致。2020年9月8日，中国发起《全球数据安全倡议》，该倡议作为数据安全领域首个由国家发起的倡议，为加强全球数据安全治理贡献了中国智慧。倡议响应了时代的呼唤，当前数据量呈指数级增加，数据流动带来的个人隐私保护、数据存储、跨境流动中的风险防范等问题层出不穷，而各国数据保护法律法规不尽相同，对数据治理的理念存在差异，世界亟需全球性的数据安全规则为数据经济的前景增加确定性，倡议的出台恰逢其时。倡议维护了多边主义，近年来单边主义逆流涌现，某些国家热衷于拉“小圈子”，搞排他站队的做法。中方在倡议中指出，共商、共建、共享才是解决全球性问题的最终路径。倡议呼吁将公平正义理念贯穿到数据治理当中，不要将数据安全问题政治化，引入意识形态和政治制度等因素，不能借数据安全之名行保护主义之实，误导数据安全的国际合作。倡议更是中国为维护全球数据安全做出的庄严承诺。中国向来坦坦荡荡，既不会要求企业违反他国法律向中国政府提供境外数据，也不会强迫企业将在境外获得的数据存储在境内，更不会滥用科技手段对他国进行监控。中国提出倡议就是希望与世界各国达成共识，用同一个客观公平的标准处理数据安全问题，在数字时代同舟共济。2021 年 3 月，中阿数据安全视频会议发表的《中阿数据安全合作倡议》以及 2022 年 6 月通过的《“中国 + 中亚五国”数据安全合作倡议》均体现了中国作为数据强国在全球数据治理规则体系构建中发挥的重要作用。

《携手构建网络空间命运共同体》白皮书指出，我国始终坚持科学平衡数据安全保护和数据有序流动之间的关系，在保障个人信息和重要数据安全的前提下，与世界各国开展交流合作，共同探索反映国际社会共同关切、符合国际社会共同利益的数据安全和个人信息保护规则。各个国家在数据治理的规则制定中必然会存在分歧与矛盾，我国秉持的以积极态度开展数据治理领域的国际合作有利于化解冲突，维护共同安全。除了依托二十国集团、世界互联网大会、金砖国家等多边对话机制和国际性会议宣传我国数据治理理念，吸引更多国家认同、支持、参与《全球数据安全倡议》之外，我国也在积极参与全球数据治理规则的谈判与合作。2019 年 1 月，包括中国在内的 76 个世界贸易组织成员发表了《关于电子商务的联合声明》，启动与电子商务相关的贸易谈判。中国联合有关国家发起了《“一带一路”数字经济国际合作倡议》等，同时，中国提出申请加入《全面与进步跨太平洋伙伴关系协定》与《数字经济伙伴关系协定》。这些举措都体现了中国以更加主动、开放的态度参与全球数据治理，中国有信心也有决心推动全球数据治理与国际合作。

和平与发展是当今时代的主旋律，共同构建网络空间命运共同体已成为多个国家的共识。然而，仍有一些以美国为首的西方国家奉行数据霸权，企图充当全球的“数据警察”，在数据全球治理之中“一家独大”。数据霸权阻碍世界各国实现数据利益最大化、分享科技进步红利，同时也危害国家主权，影响世界秩序稳定。数据霸权仅服务于个别国家的私利而无益于国际公平利益的实现，仅能维护个别国家霸权地位而无益于全球共同发展，使得广大发展中国家失去利用数字经济实现自身发展的机会，将加剧世界的不均衡发展。中国不搞数据霸权，也坚决反对数据霸权这种有损国际共同安全的行为。从 2007 年起，美国国家安全局就实施了绝密的电子监听“棱镜”计划，其数据服务于总统的每日简报，在 2013 年该计划被曝光后，国际社会对美国窃取他国数据及侵犯他国数据主权的行为都加以指责，但美国并未停止其霸权行为，反而愈演愈烈。2018 年，美国通过《云法案》，该法案在数据的“取”与“防”上充分展现了霸权色彩。一方面，只要数据到了美国控制者手中，就默认其可以从全球直接调取，仅在少数情况下例外，且例外情况由美国法院单独裁量；另一方面，如果外国政府想要调取美国国内数据，则面临“符合资格的外国政府”“外国政府给予美国对等待遇”等多项严苛条件的限制。可以看出，在数据的获取上，美国对他国数据实行“长臂管辖”，在数据主权上，美国实行双重标准。美国还借数据安全之名，抹黑中国的科技产品窃取他国数据，以“威胁国家安全”为由，将华为等关联企业列入美“实体清单”禁令。为应对美国等国的数据霸权及无理制裁，我国及时出台了《中华人民共和国反外国制裁法》《阻断外国法律与措施不当域外适用办法》等法律法规，利用法律手段反制外国干涉、“长臂管辖”。同时，我国通过数据分级分类管理、部分数据本地化、部分数据出境安全审查等方式兼顾数据安全与自由流动，实现二者的动态平衡。我国向来秉持数据流动应是造福人类的法宝，而非谋求霸权的工具，把数据发展好、运用好、治理好才能符合国际社会的共同期待。数据霸权不可能带来绝对安全，为追求自身的绝对安全而侵犯他国数据主权是典型的零和博弈思维，既破坏全球稳定也损害全人类的共同利益。我国倡导在全球数据治理领域的对话合作，而非封闭对立，作为网络攻击及数据窃密的主要受害者，中国坚决反对任何形式的数据霸权行为，主张构建多边、民主、透明的全球数据治理体系，携手构建网络空间命运共同体，各国应在尊重彼此核心利益的前提下，探索出能让最广泛国家认可的数据治理体系。

数据大国的责任担当

根据 2022 年世界互联网大会乌镇峰会发布的《中国互联网发展报告 2022》和《世界互联网发展报告 2022》蓝皮书显示，截至 2022 年 6 月，我国的网民规模已达 10.51 亿人，互联网普及率达到 74.4%。同时，我国数字经济发展成效显著，2021 年中国数字经济规模已达 45.5 万亿元，占 GDP 比重的 39.8%。经研究机构预测，到 2030 年我国的数据总量将超过 4YB，占全球数据量的 30%。海量的数据资源奠定了我们数据大国的基础地位。2014 年 2 月 27 日，在中央网络安全和信息化领导小组第一次会议上，习近平总书记发表了关于“努力把我国建设成为网络强国”的重要讲话，在习近平总书记关于网络强国的重要思想指引下，我国网信事业不断发展，国家安全得到充分维护，人民生活得到极大便利。随着数据资源逐步成为核心生产要素，数据成为建设网络强国的着力点，我国不仅在“量”上建设了数据大国，更在“质”上谱绘了数据强国的蓝图，以塑造我国在全球网络空间治理中的国际竞争力。从数据的生产大国，到数据的管理强国、安全强国，我们形成了富有中国特色的科学高效的数据治理方案，也展现了作为数据强国应承担的责任与担当。

就国内数据安全治理，我国完善了数据信息安全法律法规制度，对从涉及个人隐私保护的数据到事关社会稳定与国家安全的数据都进行了针对性立法修法，对相关违法犯罪行为的界定与量刑进一步明确，确保数据保护有法可依。特别是近期《中华人民共和国数据安全法》的出台，以安全评估作为基本手段，把数据分为一般、重要和核心进行分类保护，还有 2022 年 12 月中共中央、国务院联合印发的《关于构建数据基础制度更好发挥数据作用的意见》（简称“数据二十条”），给未来数据发展提供了基本的框架，在数据交易、产权、监管、安全等方面提供了基本的方向。同时，我国强化了对数据采集和使用行为的监管，对各类市场主体收集利用数据做了规定，对涉及国计民生、政府行政等重大数据应用纳入国家网络安全审查，为保障数据安全添砖加瓦。

放眼国际，参与全球数据治理既是维护自身发展权益的重要手段，也是我国履行大国责任、肩负大国担当的有力体现。其一，我国一直秉持真正的多边主义，主张在世界各国普遍参与的前提下建立能够充分表达各国意愿，尊重各国核心利益的全球数据安全规则。各国国情以及自身利益需求的不同导致各国在应对全球数据安全治理问题上存在分歧，特别是在司法管辖权与数据控制权上。我国提出《全球数据安全倡议》，发表《中阿数据安全合作倡议》，申请加入《数字经济伙伴关系协定》，体现了我国倡导释放数据发展潜力，秉持共商共建共享理念，深度参与全球数据安全治理，有助于各国找到彼此都能接受的最大公约数。其二，我国坚持以统筹发展与安全的理念处理全球数据治理中维护数据主权与数据经济发展的关系。首先，我国尊重各国的数据主权与根本利益，支持各国依法保护各自数据安全。数据安全是数据经济发展的前提，只有实现数据安全，才能实现数据经济的可持续发展。其次，我国在尊重各国数据主权的前提下，坚决反对任何形式的数据保护主义，数据保护主义与全球化潮流逆向而行，不符合经济发展的客观规律，最终只会阻碍自身发展。最后，要在数据发展与安全中寻求恰当的平衡点。数据自由流动与数据本地化存储并非相互排斥的，对于特定可能危害国家安全数据的跨境流动需严格限制，对于大部分一般数据，应持更开放包容态度，平衡保护国家安全与全球经济发展进步的关系。其三，我国始终坚持公平正义立场参与全球数据安全治理。各国在数据合作与维护自身数据安全上都要以事实和规则为依据，遵守国际关系基本准则，不得利用信息技术手段窃取他国重要数据以及实施其他侵犯别国数据主权和安全的行为。此外，我国也坚决反对在数据安全全球治理过程中将数据安全问题政治化，刻意造谣、抹黑、攻击他国。不同于某些以“清洁”之名搞清洗，以“安全”之名搞霸权的西方国家，中国作为数据强国，坚决反对将自身利益凌驾于全球共同利益之上的行为，坚定支持维护全人类共同利益。我国在立足维护数据自身主权的前提下，面对各国数据治理模式存在差异化的情况，求同存异，在尊重他国数据主权与各国利益的基础上，推动全球数据安全有序流动。

2014 年，习近平主席在首届世界互联网大会开幕贺词中提到:“中国愿意同世界各国携手努力，本着相互尊重、相互信任的原则，深化国际合作，尊重网络主权，维护网络安全，共同构建和平、安全、开放、合作的网络空间，建立多边、民主、透明的国际互联网治理体系。”不论是对于国内数据安全的治理还是参与到全球数据治理当中，我国一直坚持承担起大国、强国的责任，为保障数据安全与发展提供务实路径，加强数据治理为数字经济发展筑牢安全屏障，发挥海量数据和多样化应用领域优势，激发数据活力。同时，我国也为形成全球数据治理合力积极贡献中国力量，营造开放、公平、公正、非歧视的数据发展环境，主动衔接，协调各国数据规则，对数据使用和流动的规则同各国进行友好协商与谈判，提出《全球数据安全倡议》等呼吁各国在数据治理领域共商共建共享，促进全球数字产业合作，消除贸易壁垒，推动构建网络空间命运共同体。自身过硬并不是数据强国的全部含义，身处大数据的洪流当中，各国都是参与者与行动者，唯有勇于担当大国责任，凝聚全球合力，才能共创大数据时代的美好未来。

小结

搏风鼓荡四溟水，乘风欲破万里浪。当海量数据的产生与流动成为“新常态”，数据安全治理工作已变成数字经济时代各国共同面临的安全新课题。中国作为全球最大的发展中国家和网民数量最多的国家，顺应数据时代的发展潮流，坚持统筹数据的发展与安全，面对数据贩卖侵犯公民隐私、特殊敏感数据泄露风险陡升、互联网企业过度收集或违规使用个人数据并进行数据垄断、数据跨境滋生潜在国家安全隐忧等数据安全风险，我们需将数据安全纳入总体国家安全，坚持系统思维，完善数据安全法制建设，确保数据治理有法可依，逐步构建相对全面的数据安全监管体系，促进数据安全保护制度的落实与执行，调动政府、企业、行业组织、公民个人共同参与数据治理，提升治理效能，探索出维护数据安全的中国方案。同时，我们逐步构建数据安全治理国际话语权，积极参与数据安全国际规则构建，反对外国数据霸权，努力维护全人类的共同安全。数据安全不是一国之事，而是全球性问题，没有哪个国家可以独善其身，共商应对风险之策，共谋数据治理之道，方能抓住机遇，构建和平、安全、开放、合作的网络空间。

参 考 文 献

1 《促进大数据发展行动纲要》，中国政府网，2015 年 9 月 15 日，http://www.gov.cn/xinwen/2015-09/05/content_2925284.htm。

2 《〈携手构建网络空间命运共同体〉白皮书》，中华人民共和国国务院新闻办公室网站，2022 年 11 月，http://www.scio.gov.cn/gxzt/dtzt/2022/49382/。

3 《成城众志金汤固——习近平总书记指引我国网络安全工作纪实》，《中国网信》2022 年第 6 期。

4 陈京春、杨历霖:《以全球数据安全治理体系为“抓手”构建人类安全共同体》，中国社会科学网，2022 年 6 月 21 日，http://www.cssn.cn/gjaqx/202208/t20220831_5482884.shtml。

5 《让数据安全托起美好数字生活》，《人民日报》2021 年 12 月 6 日。

6 田力男:《反对数据霸权 提升数据安全治理能力》，《光明日报》2022 年 7 月 15 日。

7 《钟声：实施网络监控，威胁全球数据安全》，《人民日报》2020 年 11 月 14 日。

8 《为全球数字治理贡献中国智慧》，《人民日报》2022 年 1 月 9 日。

9 孙南翔、张晓君:《论数据主权——基于虚拟空间博弈与合作的考察》，《太平洋学报》2015 年第 2 期。

10 王雪诚、马海群:《总体国家安全观下我国数据安全制度构建探究》，《现代情报》2021 年第 9 期。

11 李春华、冯中威:《欧盟与美国个人数据保护模式之比较及其启示》，《社科纵横》2017 年第 8 期。

12 阙天舒、王子玥:《数字经济时代的全球数据安全治理与中国策略》，《国际安全研究》2022 年第 1 期。

10 结语

总体国家安全观视角下的数据安全

党的二十大报告指出：当前，世界之变、时代之变、历史之变正以前所未有的方式展开。而大数据时代的到来既是“时代之变”的重要组成部分，也推动着世界之变、历史之变的车轮滚滚向前。

信息革命总是与科技革命相伴相生，人类如何记录、传播和利用数据具有划时代的意义。数据涵盖的不止是数，各种数字符号、字母的组合、语音、图像、图形等都可以称为数据。自人类开始结绳记事、用符号和图画记录重要事件起，人类就有了对数据的认知和需求。文字的出现是人类进入文明时代的重要标志，从此，人类的历史不再是口口相传的记忆，而是通过文字作为载体被记录下来，成为后人可以阅读、感知的重要数据，人类智慧和精神财富以这种方式被代代传承下来。而数字及相关计量方法的出现也打开了人类通过科学认识世界的一扇大门，通过对天文、水文数据的测量、记录和研究，人类开始发现和认识自然界的重要规律，为农业文明的繁荣发展奠定了重要基础。造纸和印刷术的出现加速了文字数据传播的速度、范围和规模，推动了文化与文明的相互交融、互学互鉴。

此后，人类在一次次试验、试错的数据积累中一步步打开了物理、化学等科学的大门，完成了一个又一个重要的发明创造，催生了第一次工业革命，随着大机器生产广泛取代人工，机器也开始成为数据的重要生产者。无线电的发明根本性地改变了数据传递的手段，数据传播的时间和空间限制被大幅突破，电报、电话、广播的广泛使用对第二次工业革命起到了重要的加速作用。摄像机、录音机、电视机的发明使多媒体的传输介质得到了突破，人类文明的数据存储和呈现方式实现了重大跨越。而计算机的发明从根本上改变了人类利用和加工数据的手段和能力，催生了第三次工业革命的到来，计算机、通信卫星、海底电缆、国际互联网组成的庞大的现代通信网络将人类带到了信息时代，互联网成为承载人们各种数据的主平台。

随着传感器、物联网、数字存储、智能设备、云计算、人工智能等技术的快速发展，一场全新的数据革命已经到来。越来越多的人通过移动互联网的智能应用和社交平台进行日常的工作和生活，并将大量的照片、视频、文字资料通过社交媒体上传到云存储当中，越来越多的机器与应用场景中配备了连续监测周围情况的传感器，相关数据成为海量信息的重要组成部分。越来越多的数字平台如电商平台连续不断地观察和记录着我们交易数据，如支付数据、查询行为、物流地址、购买偏好、评价行为等，而不少搜索引擎也持续记录着用户的搜索行为和提问行为，记录着我们的互联网浏览痕迹、内容偏好，以此为每个人私人订制信息与阅读内容，定向推送商品和服务，进行智能化的陪伴聊天，甚至为用户提供写邮件、写论文、写代码、写文案等个性化智能化服务。可以说，一个大规模生产、分享和应用数据的时代已经拉开了帷幕，数字经济正成为重组全球要素资源、重塑全球经济结构、改变全球竞争格局的关键力量，数据已经成为了“新时代的石油”，成为数字时代最重要的生产要素。正如习近平总书记在第十九届中共中央政治局第二次集体学习时所言：大数据是信息化发展的新阶段。随着信息技术和人类生产生活交汇融合，互联网快速普及，全球数据呈现爆发增长、海量集聚的特点，对经济发展、社会治理、国家管理、人民生活都产生了重大影响。大数据时代既孕育着新的发展机遇，也带来了层出不穷的新风险与新挑战。

在这个“万物皆数”的时代里，数据信息是跨国界流动的，信息流引领技术流、资金流、人才流，信息资源日益成为重要生产要素和社会财富。“谁掌握了数据，谁就掌握了主动权。”数据掌控力成为国家软实力和竞争力的重要标志。世界各个主要大国都将抢占大数据领域的制高点作为新一轮科技革命的制胜法宝，大数据分析及算力的提升已经成为各主要情报大国获取情报的重要手段，从“制海权”到“制空权”再到“制数权”，在数据领域这一全新的竞技场上，群雄逐鹿、刀光剑影，不乏冷枪暗箭，处处烽火狼烟，这场较量的结果直接影响到世界百年变局的走向，影响到各国能否主宰自己的前途命运，掌握发展的自主权与主动权。当前，大数据正加速催生新产业、新业态和人类新的生活方式，拓展国家安全“新边疆”。当前，几乎所有的信息都会以数据的方式来呈现，政治、军事、国土、经济、金融、文化、社会、科技、网络、粮食、生态、资源、太空、深海、极地、生物、人工智能等诸多领域每天都在源源不断地产生和存储着各类数据，如何保护这些数据的安全成为我们必须面对的客观挑战。

在这个“万物互联”的世界里，国与国之间的传统边界已经变得愈发模糊，互联网和各类基于互联网的智能终端普及应用使虚拟的网络空间和现实空间高度整合在一起，人类愈发处于同一个“云空间”当中。如何在一个数据共享的环境中维护数据主权和数据安全，在发展中牢牢守住红线和底线，如何应新形势的发展快速调整维护国家安全力量布局与工作方法，筑牢数字防线，避免新形势下“紧守大门而四壁洞开”的安全风险，给新时代的国家安全工作带来了新课题和新挑战。当前，黑客攻击、勒索病毒、非法数据采集、形形色色的深度造假工具等新型威胁正在改写传统的国家安全的涵义，各种数据领域“黑天鹅”“灰犀牛”事件不断冲击我们对国家安全的传统认知，拓展着我们对数据安全的认识。当前，各国普遍对大数据的采集、传输、存储、互联、共享、应用、交易、安全管理等权责不明确，大数据的所有权、使用权、运营权、安全责任等概念模糊，造成数据资源的开发和使用者经常游走在法律的边缘，导致当前个人信息被滥用、买卖、泄露的案例频频发生。通过资本运作、预设上市条件等获取他国政府和企业敏感数据的事件屡见不鲜，已成为我国国家安全和社会稳定面临的突出问题。而随着中国由大国向强国转变，越来越多的高科技领域已经走在了世界的最前沿，这些领域成为大国博弈的关键，成为其他国家遏制打压、寻求信息操控和数据窃密的重点。任何一个领域的数据安全出现问题，都会给我国的建设和发展带来重大风险，维护我国总体的数据安全已刻不容缓。

大时代呼唤大思想，新变局催生新变革。2014 年 4 月 15 日，习近平总书记在中央国家安全委员会第一次会议上，创造性提出总体国家安全观，为新时代国家安全工作提供了强大思想武器。总体国家安全观根植于中国特色社会主义新时代，汲取了中华优秀传统文化精髓，继承了我们党维护国家安全的理论成果和实践经验，推动中国特色国家安全理论和实践实现历史性飞跃。总体国家安全观是马克思主义国家安全理论中国化的最新成果，是我们党历史上第一次形成了系统完整的国家安全理论，标志着我们党对国家安全基本规律的认知达到了新高度。[1] 总体国家安全观充分运用马克思主义认识论和方法论，客观、发展、全面、系统、普遍地认识事物，把握规律，坚持两点论和重点论的统一，为我们在大数据时代维护数据安全提供了重要的方法论指导。

其一，要从总体的视角理解数据安全的战略性。总体国家安全观要求我们把维护我国的数据安全放在百年变局中去思考，放在中华民族复兴中去思考，充分认识到维护数据安全对我应对世界之变、时代之变、历史之变的重要意义；充分认识到维护数据安全对我筑牢中国式现代化的国家安全屏障的重要作用；充分认识到数字化时代里，数据与国家经济运行、社会治理、公共服务、国防安全等方面密切相关，数据泄露、丢失和滥用将直接威胁我国国家安全和社会稳定，没有数据安全就没有国家安全。充分认识到数据基础制度建设事关第二个百年奋斗目标，必须确保数据处于有效保护和合法利用的状态，确保具备保障数据持续安全状态的能力，不断健全数据安全治理体系，提高数据安全的保障能力，更好地保护个人、组织的合法权益，更好地维护国家主权、安全和发展利益。

其二，要从总体的视角理解数据安全的整体性。事物是普遍

---

1 中共中央宣传部、中央国家安全委员会办公室编:《总体国家安全观学习纲要》，学习出版社、人民出版社 2022 年版，第 1—5 页。

联系的，事物及事物各要素相互影响、相互制约，整个世界是相互联系的有机整体，也是相互作用的系统。总体国家安全观要求我们既见树木，又见森林，学会十个指头弹钢琴，通过科学统筹的方式对数据安全加以治理。充分认识到数据是在网络空间产生的，网络安全是数据安全的基础，数据安全有赖于网络安全，没有网络安全就没有数据安全，充分认识到加强网络安全建设对于保护数据安全的关键作用。充分认识到安全是发展的前提，发展是安全的基础。没有数据安全，数字经济的发展、数字社会的运行将失去防火墙；而没有数字经济与数字社会的蓬勃发展，数据安全也成了无源之水、无本之木，必须厚植数字经济创新创造的土壤，营造数字社会健康发展的环境。总体国家安全观要求我们在认识和研究任何一个要素和子系统的时候都从总体出发、服从总体需求，根据总体的目标与功能去谋划设计子系统的功能，坚持总体思考、总体布局、总体推进，确保“上下一盘棋”。同时，充分调动各个子系统的力量去实现大系统的功能。总体国家安全观为维护数据安全提供了一种管总的思想。

其三，要从总体的视角理解数据安全的全面性。数据安全所涉及的领域很多，不同领域的安全既相互独立又密切联系，组成了一个有机整体，必须全面维护各个领域、各个环节的数据安全，做到一个都不能少。正如一块键盘上所有的按键构成了其信息输入功能，缺失任何一个按键都会导致信息输入功能的缺失。

因此，我们必须关注数据安全的各个领域，将数据的收集、储存、使用、加工、传输、提供、公开等各种不同类型的活动纳入到数据安全治理的范畴，把维护数据安全的理念贯穿于工作的各方面全过程。“木桶有短板就装不满水，但木桶底板有洞就装不了水”，总体国家安全观要求我们综合提升数据安全各领域各环节的安全水平，同时保护网络安全、信息安全、系统安全和关键信息基础设施安全，切实补短板、强弱项，全面提升总体的数据安全水平。

其四，要从总体的视角理解数据安全的综合性。总体国家安全观关注各个要素之间的关联与互动，追求系统结构的有序性，目标是从源头对安全进行治理，获得事半功倍的集成效应。维护数据安全面临风险挑战是相互交织、相互作用的，既牵涉公民个人数据安全，也涉及市场主体的商业秘密；既有来自数据算法的问题，也有来自数据基础设施安全的问题。各种风险会相互传导、叠加、演变、升级，由小到大、由局部到整体、由外部到内部、由要素到系统，演变成为一个风险综合体。需要我们做到见微知著、防微杜渐、防患于未然。要求我们坚持从综合的角度看问题，不是“头痛医头脚痛医脚”，而要看到安全风险的“滚雪球效应”“多米诺骨牌效应”“蝴蝶效应”等，既要高度警惕“黑天鹅”事件，也要防范“灰犀牛”事件；既要重视风险预防，“不让小风险演化为大风险，不让个别风险演化为综合风险，不让局部风险演化为整体性或系统性风险，不让国际风险演化为国内风险”，也要注重能力建设，切实加强关键信息基础设施安全保护，强化国家关键数据资源保护能力，增强数据安全预警和溯源能力。

其五，要从总体的视角理解数据安全的辩证性。总体国家安全观要求我们不仅要一分为二地看问题，更要以矛盾相互转化的视角去把握。数据作为重要的生产要素，与土地、劳动力、管理、技术等传统生产要素相比具有非稀缺性的特征。数据在跨层级、跨地域、跨部门、跨系统、跨领域流动的过程中可以实现滚雪球般甚至指数级增长。同时，随着数据流动场域和应用场景的不断拓展，其在采集、储存、传输、使用过程中所产生的风险也与日俱增，带来了权属不清、敏感数据外泄、越权越级访问、非法滥用、无序交易等多种问题。关于数据的发展和安全的矛盾是对立统一的，始终共存于大数据时代的全过程。总体国家安全观要求我们始终从辩证统一的视角看问题，强调危机同生并存，既要看到风险，又要看到机遇，同时寻找化危为机的办法；既从坏处着眼，做最充分的准备，又要从好处着想，争取最好的结果，同时寻求把坏处变好处的途径；既要敢于斗争，又要善于斗争；既要有防范风险的先手，也要有应对和化解风险的高招；既要打好防范和抵御风险的有准备之战，也要打好化险为夷、转为危机的战略主动战。

“随时以举事，因资而立功，用万物之能而获利其上。”2016年4月，习近平总书记在网络安全和信息化工作座谈会上发表重要讲话，谈及信息革命的影响时强调，信息革命带来生产力又一次质的飞跃，对国际政治、经济、文化、社会、生态、军事等领域发展产生了深刻影响。习近平总书记指出：“这是中华民族的一个重要历史机遇，我们必须牢牢抓住，决不能同这样的历史机遇失之交臂。”此次讲话中，习近平总书记全面阐释了统筹发展和安全的关系，指出：“安全是发展的前提，发展是安全的保障，安全和发展要同步推进。”他特别强调了信息化建设与维护网络安全是相辅相成的，要树立正确的网络安全观，加快构建关键信息基础设施安全保障体系，要全天候全方位感知网络安全态势，增强网络安全防御能力和威慑能力，并强调要依法加强对大数据的管理。

2017年12月，第十九届中共中央政治局就实施国家大数据战略进行第二次集体学习。习近平总书记指出，善于获取数据、分析数据、运用数据，是领导干部做好工作的基本功。各级领导干部要加强学习，懂得大数据，用好大数据，增强利用数据推进各项工作的本领，不断提高对大数据发展规律的把握能力，使大数据在各项工作中发挥更大作用。习近平总书记强调，大数据发展日新月异，我们应该审时度势、精心谋划、超前布局、力争主动，深入了解大数据发展现状和趋势及其对经济社会发展的影响，分析我国大数据发展取得的成绩和存在的问题，推动实施国家大数据战略，加快完善数字基础设施，推进数据资源整合和开放共享，保障数据安全，加快建设数字中国，更好服务我国经济社会发展和人民生活改善。也正是在这次会议上，习近平总书记对大数据时代统筹发展与安全做出了“五位一体”的重要战略部署，为我们坚持总体国家安全观，切实维护好数据安全指明了方向。

一是要推动大数据技术产业创新发展。要瞄准世界科技前沿，集中优势资源突破大数据核心技术，加快构建自主可控的大数据产业链、价值链和生态系统。要加快构建高速、移动、安全、泛在的新一代信息基础设施，统筹规划政务数据资源和社会数据资源，完善基础信息资源和重要领域信息资源建设，形成万物互联、人机交互、天地一体的网络空间。要发挥中国的制度优势和市场优势，面向国家重大需求，面向国民经济发展主战场，全面实施促进大数据发展行动，完善大数据发展政策环境。要坚持数据开放、市场主导，以数据为纽带促进产学研深度融合，形成数据驱动型创新体系和发展模式，培育造就一批大数据领军企业，打造多层次、多类型的大数据人才队伍。

二是要构建以数据为关键要素的数字经济。建设现代化经济体系离不开大数据发展和应用。要坚持以供给侧结构性改革为主线，加快发展数字经济，推动实体经济和数字经济融合发展，推动互联网、大数据、人工智能同实体经济深度融合，继续做好信息化和工业化深度融合这篇大文章，推动制造业加速向数字化、网络化、智能化发展。要深入实施工业互联网创新发展战略，系统推进工业互联网基础设施和数据资源管理体系建设，发挥数据的基础资源作用和创新引擎作用，加快形成以创新为主要引领和支撑的数字经济。

三是要运用大数据提升国家治理现代化水平。要建立健全大数据辅助科学决策和社会治理的机制，推进政府管理和社会治理模式创新，实现政府决策科学化、社会治理精准化、公共服务高效化。要以推行电子政务、建设智慧城市等为抓手，以数据集中和共享为途径，推动技术融合、业务融合、数据融合，打通信息壁垒，形成覆盖全国、统筹利用、统一接入的数据共享大平台，构建全国信息资源共享体系，实现跨层级、跨地域、跨系统、跨部门、跨业务的协同管理和服务。要充分利用大数据平台，综合分析风险因素，提高对风险因素的感知、预测、防范能力。要加强政企合作、多方参与，加快公共服务领域数据集中和共享，推进同企业积累的社会数据进行平台对接，形成社会治理强大合力。要加强互联网内容建设，建立网络综合治理体系，营造清朗的网络空间。

四是要运用大数据促进保障和改善民生。大数据在保障和改善民生方面大有作为。要坚持以人民为中心的发展思想，推进“互联网＋教育”“互联网＋医疗”“互联网＋文化”等，让民众少跑腿、数据多跑路，不断提升公共服务均等化、普惠化、便捷化水平。要坚持问题导向，抓住民生领域的突出矛盾和问题，强化民生服务，弥补民生短板，推进教育、就业、社保、医药卫生、住房、交通等领域大数据普及应用，深度开发各类便民应用。要加强精准扶贫、生态环境领域的大数据运用，为打赢脱贫攻坚战助力，为加快改善生态环境助力。

五是要切实保障国家数据安全。要加强关键信息基础设施安全保护，强化国家关键数据资源保护能力，增强数据安全预警和溯源能力。要加强政策、监管、法律的统筹协调，加快法规制度建设。要制定数据资源确权、开放、流通、交易相关制度，完善数据产权保护制度。要加大对技术专利、数字版权、数字内容产品及个人隐私等的保护力度，维护广大人民群众利益、社会稳定、国家安全。要加强国际数据治理政策储备和治理规则研究，提出中国方案。

“不困在于早虑，不穷在于早豫。”2020 年 12 月，第十九届中共中央政治局就加强国家安全工作进行了第二十六次集体学习，习近平总书记发表了关于“坚持系统思维，构建大安全格局”的重要讲话，提出贯彻落实总体国家安全观，要做到“十个坚持”，即坚持党对国家安全工作的绝对领导；坚持中国特色国家安全道路；坚持以人民安全为宗旨；坚持统筹发展和安全；坚持把政治安全放在首要位置；坚持统筹推进各领域安全；坚持把防范化解国家安全风险摆在突出位置；坚持推进国际共同安全；坚持推进国家安全体系和能力现代化；坚持加强国家安全干部队伍建设。这“十个坚持”，标志着总体国家安全观理论体系的正式形成，标志着习近平新时代中国特色社会主义思想的“国家安全篇”正式绘就，也为我们更好地维护数据安全提供了更加系统全面的理论指引。具体体现在以下五个方面：

第一，加强党对数据安全的集中统一领导是关键。借助于党中央的集中统一、高效权威的领导，集中力量办大事、办难事、办急事的政治体制优势，借助于党组织横向到边、纵向到底组织架构，借助各级党委、党组对国家安全责任制的落实，各部门、各层级就能够真正做到心往一处想、劲往一处使，就能够切实发挥好维护数据安全的系统集成效应，大幅增强系统合力。2022年12月，中共中央和国务院联合印发的“数据二十条”中就明确指出，加强党对构建数据基础制度工作的全面领导，在党中央集中统一领导下，充分发挥数字经济发展部际联席会议作用，加强整体工作统筹，促进跨地区跨部门跨层级协同联动，强化督促指导。各地区各部门要高度重视数据基础制度建设，统一思想认识，加大改革力度，结合各自实际，制定工作举措，细化任务分工，抓好推进落实。

第二，坚定不移地走中国特色的数据管理之路。治国之要，奉法则强。2021年9月1日，《中华人民共和国数据安全法》正式施行，标志着我国数据安全保护有法可依、有章可循。2021年10月1日，《汽车数据安全管理若干规定（试行）》正式施行。2021年11月，《网络数据安全管理条例（征求意见稿）》公开向社会征求意见。《数据出境安全评估办法》于2022年9月1日起施行。2023年3月7日，根据国务院关于提请审议国务院机构改革方案的议案，我国正式组建国家数据局，这一机构的设立对我国的数据安全管理与维护具有里程碑的意义。它有助于充分发挥政府有序引导和规范发展的作用，守住安全底线，明确监管红线，打造安全可信、包容创新、公平开放、监管有效的数据要素市场环境，有助于落实分行业监管和跨行业协同监管，建立数据联管联治机制，建立数据要素生产流通使用全过程的合规公证、安全审查、算法审查、监测预警等制度，建立健全数据流通监管制度，强化反垄断和反不正当竞争，有助于在落实网络安全等级保护制度的基础上全面加强数据安全保护工作，健全网络和数据安全保护体系，提升纵深防护与综合防御能力。

第三，维护数据安全要始终以人民安全为宗旨。2021年1月1日正式施行的《中华人民共和国民法典》，完善了对隐私权和民事领域个人信息的保护。2021年8月20日，第十三届全国人大常务委员会第三十次会议审议通过了《中华人民共和国个人信息保护法》，这是我国第一部个人隐私数据保护方面的专门法律，开启了我国个人数据立法保护的历史新篇章。“数据二十条”

进一步明确了承载个人信息的数据，推动数据处理者按照个人授权范围依法依规采集、持有、托管和使用数据，规范对个人信息的处理活动，不得采取“一揽子授权”、强制同意等方式过度收集个人信息。要加大个人信息保护力度，推动重点行业建立完善长效保护机制，强化企业主体责任，规范企业采集使用个人信息行为。创新技术手段，推动个人信息匿名化处理，保障使用个人信息数据时的信息安全和个人隐私。

第四，加强科学统筹是维护塑造数据安全的重点。统筹不是一刀切，不是绝对化，不是平均用力，而是因时因地制宜，坚持两点论与重点论的统一，缺什么补什么，实现发展与安全、各领域安全、内部安全与外部安全的动态平衡、相互促进。一方面，要充分认识和把握数据产权、流通、交易、使用、分配、治理、安全等基本规律，探索有利于数据安全保护、有效利用、合规流通的产权制度和市场体系，完善数据要素市场体制机制，在实践中完善，在探索中发展，促进形成与数字生产力相适应的新型生产关系。合理降低市场主体获取数据的门槛，增强数据要素共享性、普惠性，激励创新创业创造，强化反垄断和反不正当竞争，形成依法规范、共同参与、各取所需、共享红利的发展模式。顺应经济社会数字化转型发展趋势，推动数据要素供给调整优化，提高数据要素供给数量和质量。建立数据可信流通体系，增强数据的可用、可信、可流通、可追溯水平。实现数据流通全过程动态管理，在合规流通使用中激活数据价值。另一方面，要强化数据安全保障体系建设，把安全贯穿数据供给、流通、使用全过程，划定监管底线和红线。加强数据分类分级管理，把该管的管住、该放的放开，积极有效防范和化解各种数据风险，形成政府监管与市场自律、法治与行业自治协同、国内与国际统筹的数据要素治理结构。积极参与数据跨境流动国际规则制定，探索加入区域性国际数据跨境流动制度安排。推动数据跨境流动双边多边协商，推进建立互利互惠的规则等制度安排。鼓励探索数据跨境流动与合作的新途径新模式。

第五，数据安全，人人有责。依靠人民力量是中国国家安全强起来的基础，没有了人民的力量，国家安全只是无源之水、无本之木。人是大安全系统中的元单位和最基础要素，人民的积极性、主动性、创造性是维护数据安全系统性力量的根本来源。在中国由数字大国向数字强国迈进的过程中，如何使总体国家安全观深入人心，成为指导我们分析和解决问题的世界观和方法论，应成为维护和塑造我国数据安全的基础课和必修课，如何使广大领导干部运用大数据为工作赋能，不断提升以法治手段维护数据安全的能力和意识，应成为筑牢我国数据安全屏障的重要着力点。随着全民国家安全意识的不断提升，广大人民群众在维护数据安全中的主体作用也将不断增强。随着全民国家安全教育日的设立，网络安全宣传周的实施，国家安全宣传教育和全民国防教育的普及，《关于加强网络安全学科建设和人才培养的意见》的制定和出台，国家安全学一级学科、网络空间安全一级学科的落地，网络安全与数据安全的重要性逐渐深入人心，公民个体的网络安全意识、数据安全意识和风险防范意识也在不断增强，数据安全的人民防线更加巩固，人民作为维护数据安全、网络安全的最基础力量被广泛地动员起来，而中国特色国家安全理论体系建设、国家安全学体系建设、维护数据安全人才队伍建设也获得了持续不断的“源头活水”，为护航中华民族伟大复兴汇聚起澎湃的系统性力量。

总之，党的十八大以来，在以习近平同志为核心的党中央的坚强领导下，在总体国家安全观的指引下，我们以人民安全为宗旨，以政治安全为根本，以经济安全为基础，以军事、科技、文化、社会安全为保障，以国际安全为依托，统筹外部安全和内部安全、国土安全和国民安全、传统安全和非传统安全、自身安全和共同安全，统筹维护和塑造国家安全，在走出一条中国特色国家安全道路的同时，也走出了一条中国特色的数据安全治理之路，我们全面加强了党对网络安全和信息化工作的集中统一领导，构建起了一套适合中国国情的统筹数据要素发展与数据安全治理的体制机制，构建起了一套相对成熟完备的数据安全法治体系，也构建起了一套独具特色的数据安全宣传与教育体系，在党的二十大报告中，数据安全被摆在了和网络安全同等重要的位置，成为总体国家安全观所涉及的一个最新的重点领域。维护数据安全需要将数据安全置于总体国家安全观的“大系统”去谋划去思考，同样，维护总体国家安全，需要关注数据安全这一最新最前沿的领域，在推动数据要素广泛应用、掌握数字经济主动权的同时，牢牢树立安全发展的理念，为我国数字强国的建设筑牢数据安全的篱笆，更好地应对各种数据安全风险挑战。这正是我们强调数据安全的意义之所在，也是本书《数据与国家安全》写作的重要目的之所在。

图书在版编目（CIP）数据

数据与国家安全 / 总体国家安全观研究中心，中国现代国际关系研究院著 . -- 北京 : 时事出版社，2025. 4. -- (总体国家安全观系列丛书). -- ISBN 978-7-5195-0570-7

Ⅰ . TP309.3；D631

中国国家版本馆 CIP 数据核字第 20256WF858 号

出版发行：时事出版社
地　　址：北京市海淀区彰化路 138 号西荣阁 B 座 G2 层
邮　　编：100097
发行热线：（010）88869831　88869832
传　　真：（010）88869875
电子邮箱：shishichubanshe@sina.com
印　　刷：北京良义印刷科技有限公司

开本：787 × 1092　1/16　印张：22　字数：216 千字
2025 年 4 月第 1 版　2025 年 4 月第 1 次印刷
定价：88.00 元

（如有印装质量问题，请与本社发行部联系调换）